まちづくりの思考力

暮らし方が変わればまちが変わる

藤本 穣彦

実生社

はしがき

父が生きたまち

２０２０年春、COVID-19 による緊急事態宣言下を熊本で過ごした。そのあいだに、父の書斎にあった水俣病の発生期に熊本大学医学部の研究チームが記した記録、チッソ創業者の野口遵《したがう》や日本工営を創業した久保田豊に関する記録、父が最期に探究していた農本主義についての横井時敬《ときよし》の著作を読み返していた。

次々と問いが浮かんできた。

海はだれのものか、浜辺はだれのものか、魚はだれのものか、川はだれのものか、山はだれのものか、温泉はだれのものか。国家の国有地／公有地というのはどのような空間なのか。「国家（システム）・企業（組織）・暴力（集団）」の複合体が、地方政治や仕事を介して、「地域」の生態、社会、文化にどのような影響を与えたのか。また、自然と土地、暮らしを守り、地域を自治するこれからの可能性についても。

２０１８年に満90歳で亡くなった父は、長崎県佐世保市に生まれた。九州大学で経済社会学者の高田保馬に指導を受けた後、教育学者の村上寅次の世話になり、西南学院で少々の教員生活をおくった。戦後復興のなか、父は、村上の紹介で熊本市内で農産物市場を組織化していく運動（現在の田崎市場など）を皮切りに、さまざまな社会運動に打ち込んでいった。そこで母と出会い、駆け落ちのように関西に出た後は、三菱重工高砂製作所に中途採用され、ドイツ人技師を招いて日本各地の工場に環境技術を実装していく仕事に従事したという。母も、三菱重工の関連会社で長く経理を務めた。

１９８４年にわたしが生まれ、保育園にあがるころ、父と母は兵庫県高砂市の天川《あまかわ》沿いに家を建てた。

わたしが大学を卒業するまで高砂が実家だった。その後家を売って、母の生まれである熊本に戻り、父は最期、水前寺公園のそばの九州記念病院で、透析療養の末に亡くなった。病室でも辞書を手放さず、テキストを読み、思考をめぐらせ続けていた。お見舞いに訪れるたびに、ヤクルトを差し入れして（元気なときには梅酒を求められて）、それを一緒に飲みながら何時間も対話した。

死ぬ瞬間のこと。仲良しのヘルパーさんから、「わたしが声をかけたまさにそのとき、息を引きとられたんですよ。静かな顔をしていて、しばらく温かかったですよ」と聞いた。寂しがりやの父は、きっと嬉しかっただろう。

父をおくった後も、父との対話は続いていた。

父は、高砂の海や浜、自然をどうみていたのだろう。また、一人の人間として、いかにして社会と格闘し、母と共に家族を養い、子を育てたのか、と。

わたしが幼い頃、退職後に私塾を開いていた父の部屋に、議員の先生やその支援者がよく集まっていた。大きな声が飛び交い、その声に目を覚ましてのぞきにいった記憶がある。民生委員を長く務め、病院の誘致、通学路や公園の整備、工場の跡地利用の話し合いといった地域の生活環境改善のための運動に、父はやはり熱心だった。まちは自分たちが主役になってつくる、そうした迫力があった。

父は木を植えることが好きで、家の庭中に季節の花が絶えることはなかった。実家の電話番号は872 8（花の庭）。小学生の頃まで、父と母と近くの田んぼや水路に網とかごを持って歩いていき、さまざまな生物と植物を採集しては家に持ちかえり、それを観察しているのが楽しかった。

父は海も好きで、海水浴にもよく連れていってもらった。しかし記憶をたどれば、貝を取り、渚を過ごした記憶の浜は、暮らしのあった高砂の浜ではなく、新舞子という姫路の先の、遠い浜辺だった。

大学生の頃、高砂の入浜権運動について、父に水を向けたことがある。今ほど明確に問えなかったのだろう。父からは、高砂に出てきたばかりの頃の生活の苦しさ、そこから家を構えて子どもを育てていくことに必死だったこと、三菱重工に就職してはじめて家族の生活が安定したこと、三菱で取り組んだ環境を守り公害を減らす仕事に誇りをもっていたこと、そういった家族の物語が語られることはあったものの、その三菱が立地する際に起こった高砂の浜辺をめぐる住民運動との歴史的な関わりは父のなかで切れていた。

晩年、父が元気なときは車で九州のあちこちをドライブした。物語の名手であった父は、その場その場での記憶を的確にたぐりよせ、時間を旅しながら情景を描写し、身体配置を的確に再現して、豊かな物語を次々と立ち上げていった。そのときも、父が育った九州の土地への愛着やなつかしさを改めて語る言葉と家族旅行の想い出、それに対して高砂のそれとの異同がときに気になった。しかしながら、わたしは父への問いを的確に発せられたわけでなく、車のハンドルを握っていたり、父を慈しんだりしていたなかで、多くの重要な問いは言葉にならず流されてしまった。

後から振り返り、手つかずのままであった父の遺品を整理しながら、立ち止まり、思い返して対話を重ねてみてはまた片付けてとくり返すうちに、もう直接問うことができない「問い」に気がついていった。問い損ねた問いに導かれて、父との対話は今も続いている。こうして父との時間のなかに自分の生い立ちを省察して捉え返していると、何か、深層へと沈んでいく感覚がある。

わたしはこれまで、さまざまな土地に暮らした。熊本（小島、水前寺、帯山）、瀬戸内（高砂、高松、岡山）、山陰（浜田と弥栄）、京都（西陣と百万遍）、東京（神楽坂、品川シーサイド、多摩ニュータウン）、福岡、静岡、イタリアのフィレンツェ、インドネシアのバンドン。こうして暮らしが移り変わることで、暮らしを比較する習慣が自然と身についた。新しい風景と文化に触れると、おやっと驚いて、なぜだろうと問うクセがついた。

それぞれの土地での暮らし方、経験したこと、出会った人、おどろいたこと。そのときは時間の流れに消えてしまい、わからないことの方が多かった。問いがかたちをもって表れてくるには、偶然や運も必要だ。自分のいろいろな考えが徐々にまとまって形を成し、発展していくための時間もいる。遺されたモノ、思考や経験、想い出、大切なものに一つひとつ触れながら、いのちと暮らしを守ることについて、家族について、地域について、社会について、世界について、丁寧に考えていく視野が、今、拓かれていく手応えを感じている。わたしは本書を、こうした手ざわりを頼りに書き進めてきた。

まちづくりの思考力

近年、まちづくりについて学ぶ学部が、各地の大学に設置されている。地方回帰の志向や COVID-19 におけるテレワークが普及するライフスタイルともあいまって、まちづくりを仕事にする人も増えた。もともとその土地に暮らし、地域の未来を考え、仲間と共に行動している人もいる。その土地の自然と向き合い農業や林業、漁業を行っている人、地方自治体の職員としてまちづくりに携わっている人、地域おこし協力隊として移住して新しい社会サービスを生み出している人。いつかそうしたいと願っている人。広い意味でまちづくりに参加している人はかなり多い。

こんにち、まちづくりをめぐる課題は、ＳＤＧｓの基本コンセプト「だれ一人としてとり残さない（No

one will be left behind)」からも捉え返されている。一人ひとりが豊かな「生（生命、生活、人生、生業）」をおくること。一人ひとりが水と緑を大切にし、時間をかけながら丁寧に、美しく、暮らしやすいまちをつくること。安心できる食やエネルギーを得て、家族や仲間と共に心休まる生活を送ることができる福祉社会を築くこと。そのような課題に、わたしたちはどう向き合っていけばよいのだろうか。

まちづくりへの本書のアプローチは、「経験すること」、すなわち足で見つけ、頭で考えることを出発点に、出会いによって展開する意味の連なりを追いかけていくというものである。出来事におどろき、どうしてそうなっているのかと問い、なぜそうなっているのかを深く考える。経験を言葉にして、問いを立て、質問する。どんな言葉が返ってくるかをしっかりと聴いて、また考える。何が起こるかよくみる。これをくり返す。こうしてフィールドにどっぷりと身を置きながら経験を蓄積し、ぐっと近づいて対話し、共に制作することで共感する。言葉が磨かれ、定義が明確になる。経験の蓄積から直観し、デザイン脳で本質をつかみ出す。そんなことができるようになれば面白い。本書ではこれを「まちづくりの思考力」と呼んでいる。

まちづくりの思考力を磨いた人々が、これからどうすればよいかと考え、その実現に向けて共に行動する。怒らずに穏やかに。長い目で考えて、ゆっくりと、楽しく。よい仕事をつくって、あたたかい経済を創りだすことも大切。そんな人が増えればきっと、まちはよくなると思う。

暮らし方が変わればまちが変わる

まちづくりの基本は、調べて、考えて、つくることだ。調べるだけでは単なる資料である。考えるだけでもまちはよくならない。調べて、考えたことを表現する。伝えることで共感が生まれれば、つくる力が生まれる。つくる力が集まることで、まちが動いていく。

この点について、水俣市立水俣病資料館の元館長・吉本哲郎が「もやい直し」、つまり水俣のまちづくりの出発点に置いた言葉を記しておく。

水俣病のことを外の人たちが調べてくれた。でも、住んでいる私たちはくわしくならなかった。だから、下手でもいいから自分たちで調べていこう。まず自分たちで調べて、どうしてそうなのか考え、いまに役立てていこう。そのためにはまず自分たちで調べないとだめだ。自分たちのことは自分たちでやるという自治する力を根本にすえないかぎり、持続的な取り組みは不可能だ。

自分で調べないとくわしくならず、したがって気づきが共有できず、自分の行動に結びつきません。たとえば、水俣病の研究で多くの人たちがやってきましたが、その人たちだけがくわしくなり、住んでいる私たちは水俣病のことにくわしくならなかったのです。だから、多くの水俣病患者たちが苦しんでいるのに傍観者になり、なかには偏見の目で見る人たちもいました。

そこで、下手でもいいから自分たちで調べよう、自分たちでやる力を身につけるように志したのです。

（吉本哲郎『地元学をはじめよう』２００９年、岩波ジュニア新書より）

自分たちで調べて、考えて、つくる。つくるためにまた調べて、考える、伝える。こうしたつくる力の表現は暮らし方に集約される。まちづくりを意識した暮らし方は地域の生活文化をつくる。暮らし方が重なりあって、まちに個性が生まれる。暮らし方が変わればまちが変わる。

経験を手渡す

本書をどのように読み、まちづくりに活用するか。本書の読み方を例示する。

本書は、直観／経験／問い／対話／共感／循環／修景／復元／自治／自給／起業の11項目から暮らし方を問い直し、まちづくりの思考力を育もうと構成されている。

第1章と第2章を全体の導入として、第3章以下の各章はおおむね以下の順に構成されている。

まずリードを読んでその章で探究する問いを共有してほしい。

第1節では、テーマについての基本的な考え方を、代表的な論者を1人から2人取り上げて、原文を示しながら解説している。本書で大切にしたことは、その論者が何を大事にして、どういう問いを立て、いかに探究したかということである。触発されるものが、きっとあると思う。

また、海外のフィールドが舞台となる場合には、その「地域」の捉え方を、ここに記述している。

第2節では、わたしの経験とテーマを結びつけて論じている。行ってみる、やってみる、気がついたことを調べる、頭で考える、また出かける、再びやってみる、わからなくなる、それでもねばり強く考える、なんだか展望が拓けてきたような気がする。全ての章でこれがくり返される。

第3節は、読者に経験を手渡すことを意識して書いた。経験を語るには訓練がいる。わたし自身にもわからないことが多い。それでも力を尽くして、わたし自身がここまで考えた、やってみたことをまとめた。

何かしら触発されるものがあって、「あなた」の探究が始まったならわたしは嬉しい。探究の歩みを共に進めてくれる人が現れるのも大歓迎である。

各章の最後には、「思考の深化のために」という項目を置いた。まちづくりの思考力をいかに磨くかという視点から、読者が自分で取り組むための準備や心がまえとなるヒントを記した。

各章はそれぞれ完結しており、読者の関心に応じてどこからでも読み進められる。今気になっているトピックから入って、関心に誘われるまま次の章へジャンプするとよい。読み進む気持ちがひと段落したら、リビングに置いておくのはどうだろう？　気が向いたら読みどき。手にとって読書を再開してほしい。

本書『まちづくりの思考力』を片手に、暮らしをフィールドワークに変えてほしい。自分の足で行って、やってみて、気がついて、調べて、頭で考えて、そういうことかと思い至り、どうだろうと周りの人たちと語りあってみてほしい。わからないことはわからないと言えるように。どこまでできたか、わかったか、どこからわからなくなったのか。あなたの経験を言葉にして誰かに伝えてほしい。あなたの経験はまた誰かに手渡され、問いは必ずつながっていくと信じて。

藤本穣彦《ときひこ》

もくじ

第1章 直観

先輩フィールドワーカーを追って

「まちづくりの思考力」において何よりも大切なものは何だろう? わたしは直観(Anschauung)だと考えている。わたしたちは、ある事物について説明する言葉や形、数を獲得する前に、それが何であるか、どのように機能するかをすでに理解していることがある。例えば、窓や扉は開く、木と電柱は違う、イヌはネコではない、りんごは皮をむいて食べる、みかんは5個食べると満足する、こけると痛いといったように。

わたしたちは、日常の暮らしの中で目にするもの、経験することについて、生活の中でさまざまな印象や観念を獲得し、本質を理解している。これが直観である。つまり直観とは、経験に基づいて本質を掴みだす力である。まちづくりにおいてこの直観力はとても重要だ。では、直観力はいかにして磨かれるのか。そのためには、経験を蓄積し、デザイン脳を働かせてまちの生活文化や個性を掴み出す力を身につける必要がある。

本章では、卓越したフィールドワーカーである伊谷純一郎と高谷好一《たかやよしかず》の事績をたどりながら、この直観力の磨き方を論じる。伊谷や高谷はいかにして、経験を蓄積し、直観力を磨いたのか。フィールドワークの型を身につけ、世界へと分け入ったのか。経験を語る仕方をいかにして生み出したのか。

1　伊谷純一郎の人類進化論

はじめてのフィールドワーク

フィールドワークとは、自分の問いを携え、自分の個性に応じたやり方で世界と出会うことだとわたしは思う。では、いかにして自分なりの問い方や方法を身につけ、世界と出会い、その中に分け入っていくか。また世界での経験をいかにして語るか。

自然のなかに身を置き、動物たちとのあいだで、人間社会の起源を探究した人類学者・伊谷純一郎の足跡を紐解いて考えてみたい。人間社会の起源を求めて人間性についてのあらゆる問題のルーツを探ること、これが伊谷の生涯にわたるフィールドワークの課題であった（例えば、家族の起源、動物とヒトの食性、分配の起源、経済の起源、平等性の起源、争いの起源など）。ここでは伊谷の記したもののうち、『高崎山のサル』（1954年）、『チンパンジーを追って』（1970年）、『原野と森の思考』（2006年）の3冊を取り上げる。

伊谷の基本的なアプローチは、人間とサルやゴリラ、チンパンジーとのあいだに進化の連続性を見ていくことであった。人間の特徴とされるものを、サルや類人猿ももっているのか。最初の探究の問いは社会である。サルにも社会はあるのか。

1948年にニホンザルの研究をスタートした22歳の伊谷は、1950年から大分県高崎山でニホンザルの群れの中に身を置き、順位制、リーダー制、血縁制といった群れの社会構造を次々に発見した。サルは言葉をもたないが、規則と考えられるもの（伊谷は「規矩《きく》」と表現する）を基に社会を形成している。サルにも社会がある。伊谷はサルの群れに身を置き、観察と記録を積み上げることでこれを証明し、サルと人間との間に社会という連続性を見い出した。
この人間と動物のあいだを社会でつなぐというアイデアは、伊谷の師である今西錦司によるものである。今西は次のように述べている。(1)

ウマをやりだしたときから（今西と伊谷らは、1948年から宮崎県都井岬で半野生馬の研究を行っていた）、われわれは一匹一匹を識別して、観察するようにした。この個体識別という接近法こそは、彼らの社会生活の秘密をひらく、ただ一つの研究手段であったのだ。『動物記』といえば、ひとはすぐにシートンを思いだすであろう。しかし、シートンはおおむね動物の英雄をえがいて、動物の社会をえがきだしてはいない。猟師の記憶にのこるのも、とくに目立った個体にかぎられている。その他大勢ともいうべき連中に注意を向けることは、いままで、すっかり忘れられていた。

英雄ではなく「その他大勢」にまで目を向け、かたまり（群れ）の全体を捉える。個体を識別し、その特徴をつかみ、ユニークな名前を付ける。観察者は動物たちの中で、その動物たちが暮らす自然という地を共有し、同じように駆ける。名付けられた動物たちの個々の関係性に注意を払い、その集団（群れ）の全体を観察する。くり返す。再現性を確認する。このようにして伊谷は、動物社会学の研究方法を完成させた。

フィールドワークの成熟、人類進化論の生成

1958年、日本初のアフリカ類人猿学術調査隊（隊長：今西錦司）の一員として、伊谷はアフリカ研究を本格化させた。次の探究の問いは家族であった。

19世紀の生物学者・トーマス・ヘンリー・ハックスリーは、類人猿とサルとの距離よりも類人猿と人間との距離のほうが系統的に近いとした。そこで伊谷らの問いはこうである。サルと人間とのあいだに社会という連続性があるのだから、類人猿と人間とのあいだには、社会の下位構造としての家族があるのではないか。人間だけがもっているとされる家族の起源が、類人猿の社会の中にも見出されるのではないか。伊谷はゴリラを研究対象に定めた。

1960年のコンゴ動乱によりゴリラ研究は断念せざるを得なかったものの、伊谷はチンパンジーを研究対象とした。その後、チンパンジーを追った伊谷の研究チームは、チンパンジー社会の構造を解明した。アフリカでのチンパンジー研究にあたっても、フィールド研究、個体識別、長期連続観察、ライフ・ヒストリーといった動物社会学アプローチが応用された。この頃には、伊谷に師事する若者が、一人ひとりでアフリカの自然のなかに拠点を築き、それぞれの仕方でチンパンジーを追うようになっていた。若手研究者たちは、ときどき、チンパンジー社会に関するそれぞれの長期観察の結果を持ち寄り、対話し、またそれぞれのフィールドに戻っていく。チンパンジーの生態と社会に関する記録が、集団間、地域間で比較社会研究されることで、霊長類学社会学は大きく発展した。(2)

……

みんなひとりひとりが若い力でせいいっぱい、未知のばかでかい原野に立ち向かい、そのなかを見えかくれ

しながら泳いでゆく、まるで幻の魚のようなチンパンジーを追った。ひとりひとりが自分の個性に応じたやり方で、この苦しい調査を切り抜けてきた。対象に対する問題意識の持ち方も、調査の運び方も、キャンプの作り方も、使用人の選び方も、キャンプのカワイダ（規則）のきめ方も、ポリ（原野）をあるく歩き方も、自然への興味の持ち方も、チンパンジーへの近づき方も、すべてそれぞれ異なっていた。それはチームワークという点から、あまりにも無秩序ではないかという批判を受けるかもしれないが、こうときめた地層をみんなで掘りすすんでゆく発掘調査とはちがって、徹底的に個性でぶつかってゆくということ以外に、よい方法があったとは私（伊谷）は思わない。

果たして、チンパンジー社会に家族はあったのか。結果として、社会単位（集団、群れ）の下位構造としての家族は見いだせなかった。伊谷によれば、チンパンジーの群れにも社会構造があり、それは基本的に安定したものであった。しかしその内部は無構造であり、いかなる形態も見いだされず、集合離散がくり返されるだけであったという。チンパンジーは社会をもつが、家族をもたない。

ただし伊谷は、社会構造という、サルと人間、類人猿と人間のあいだの連続性をここでも確認した。社会は、人間が言語を発達させてから誕生したのではなく、言語が発達する以前に「規矩」（行動の基準、手本）が発達して社会構造が成立する。サルも類人猿もヒトも、霊長目は、この社会を基本単位として進化してきた、これが伊谷動物社会学の到達点である。この発見によって伊谷は、１９８４年、人類学のノーベル賞といわれる英国王立トーマス・ハックスリー記念勲章を受賞した。

フィールドワークの型《かた》

伊谷はフィールドワークの方法を次のように記している。(3)

三人のポーター（荷物の運搬を仕事とする人）に25キログラムずつの荷をかつがせ、私も15キロのサブリュックとライフルをかつぎ、約一週間は無人の原野を踏破できるという態勢を完成したのは1964年ごろのことだった。

……中略……

二万平方キロメートルの原野を何年もかけて歩きに歩いたのだが、それは野生のチンパンジーと、原野の人トングウェの生活についての研究のためだった。

私の最大の武器は、未知の世界に踏み込む足だったし、私の目的はポケットにしのばせた野帳に、私が観察した対象とそして自然について、ひたすら記述することだった。調査の器具は双眼鏡と小型カメラ、それとキャンプ道具だったが、それも軽いほどよかった。

このようにして伊谷は、ゴリラやチンパンジーの世界へ入っていった。野生動物にぐっと近づき、共に居る。声を聴き分け、動物と会話する。姿を追い、共に過ごす。動物の仕方で社会を捉えつづけることで、その動物の目で、人間社会を見つめ直すようになる。気がつくと、ふと、「自然がほほ笑むとき」に居合わせる。本当に知りたかったこと、思ってもみなかったことを、自然がおのずから見せてくれる。

これは伊谷にのみ与えられた力なのか。否、おそらくそうではないと思う。読者も世界と出会い、探究する仕方を、それぞれの仕方でつくりだしてほしい。伊谷の言葉を贈る。ニホンザル、ゴリラ、チンパンジー、アフリカの自然に根ざして生きる人々、「そのいずれもが、素晴らしい研究対象だった。若い人たちによく言ったものだ。本当に自分が尊敬できるような研究対象を選べ(4)」、と。

2　高谷好一の世界単位論

前節では、伊谷の探究について、フィールドに入り、成熟し、フィールドワークの型を完成させる過程をみてきた。伊谷が、サルやチンパンジーを追いかけながら考えた人類進化論の手ざわりに触れることができただろうか。

次に、自然地理学者の高谷《たかや》好一《よしかず》のフィールドワークをみてみよう。まちづくりの基本単位は地域というまとまりであるが、その範囲はどのように定められるのであろうか。それを考える重要な視点を、高谷の世界単位論にみてみよう。

地域の基本単位

世界単位論の着想とその基本的な考え方として、高谷が地域をくくりだしていく仕方をみていこう。主たるテキストは、『新世界秩序を求めて』（1993年）、『多文明世界の構図』（1997年）、『世界単位論』（2010年）の3冊である。

高谷は、世界単位論を構想したきっかけを次のように述べている(5)。

> 地理学においてもそうだが、地域研究においても最も基本的な問題は単位をどう設定するかということである。

どの範囲を一つの纏まりとして捉え、記載するのか。あるいはどの範囲を単位として将来の地域作りを構想したらよいのか。この単位というものは何よりも先に考えねばならない事柄である。

例えば、インドネシアである。土屋健治が議論したように、この国はずっと〈想像の共同体〉インドネシア共和国を作るべく努力してきた[6]。しかし、はたしてそれはうまくいくものなのか。もし、根本のところで相当異質なものがあったならば、いくら頭の中だけで、俺たちは一つの国を作るのだと意識しようとしても無理なことではないか。少なくとも、大変難しいことになるのではないか。一体、纏まりのある地理的範囲とはどんな範囲なのだろう。

高谷は、人々は「想像の共同体」（ベネディクト・アンダーソン）よりも実態のある「故郷〈極めてゆっくりとしか変わらない、悠然と生き続けている、重い故郷〉」を大事にしているはずだと考えた[7]。高谷によれば地域の固有性は、基本的に、その土地の生態に規定される。一つの生態の上に、固有の生業が生まれ、社会が成立し、文化が成熟する。したがって別の生態の上には別の生業があり、また別の社会が存立する。高谷は、「生態を基盤にして、その上に個性的な社会、文化を築いている地域的かたまり」を地域と定義した[8]。

もう一つの条件は世界観である。生態を基礎に、その生態に適した生業が育まれると、その恵みとリスクを分かち合う社会集団が発達し、規範や価値観、死生観が共有される。高谷はこの世界観を重視し、国民国家の提供する「想像の共同体」ではなく、「住民自身にとって意味のある地域単位」[9]から思考を出発させる。この住民によって共有された世界観が重要なのであり、その世界観によって創り出されたその土地の「規矩《きく》」が、地域という場に現れている。高谷はこのように考える。

もちろん、世界観は、異なる地域との接触や交流の影響を受けて更新される。地域は閉じたものではない。地域は常に、人の移動、産業化と経済の成長、グローバル化に伴う接触と交流に開かれている。そこで高谷は、「世界単位」という概念を創作する。「世界単位」とは「生態環境と、そこに住んだ人間と、さらにそこに流入した外文明の複合体」であり、その結果として、同一の世界観を共有する人たちが住んでいる範囲が、地域のまとまりとなる。(10)

高谷の言葉で確認しておこう。(11)

…………………

今では私（高谷）は「世界単位」とは何かと聞かれると、その精神としては、〈世界観〉を共有するところである、と答えている。そして、分析的、構造的にいうならば、社会文化生態力学的に作り出された一つのまとまりのある地理学的範囲である、と答えることにしている。

…………………

生態を基礎に地域にアプローチする研究方法は、今西錦司や伊谷純一郎を中心とする京都大学学術探検隊によって洗練されたものである。彼らは、フィールドに行って自分で経験する、未知のところへ挑むという探検の精神と方法を、学術研究に持ち込んだ。卓越したフィールドワーカーであった高谷もまた、フィールドワークの経験を蓄積して、直観的に世界単位論を構想した。高谷は次のように述べている。(12)

…………

当時、私の頭の中にあったのはアフリカで人類学の研究をやっていた、旧探検派の何人かのことだった。あの連中は特別すぐれた専門知識を持っているわけではない、しかし、いつもフィールドに塗《まみ》れて生きている。

現場で常に五感をフルに生かして周りを感じ取ろうとしている。そして、そのなかから突然インスピレーションを得ている。あのやり方の中にしか新しい地平を開く道はないのに違いない。私は時間が経つに従って、ますます強くそう思うようになったのである。

最初は、「ただやみくもに歩きまわり、それを探知しようとした。ときに、ハッと気がついて、「ああ、このあたりの人達にとってはこれが人生で一番大事なことなのか」と感ずるようなことがあったりした」[13]、と、高谷はふりかえる。

類推（アブダクション）

高谷によれば、生態を基礎にした世界単位の着想は、インドネシアで、ジャワ世界のフィールドワークから得られたという。経験から類推する。ジャワという地域のまとまりを直観的に掴んだ瞬間を、高谷は次のように振り返っている[14]。

ジャワがスマトラなどの外島部と違うのはその基盤にある生態が違い、歴史が違うからだ。それが違うから違った文化を作り、違った社会を作ることになった。そういうことだから、このジャワ独特の生態・文化・社会の複合、これを一つの単位にしよう。そう考えたのである。これはもう生態に基礎を置いて、長い歴史の中で築き上げられてきたものだから、そう簡単に壊れるようなものではない。これこそ、最も安定性のある地域単位としていいのだろう。これを〈世界単位〉と名付けよう。そう思ったのである。

具体的にはどういうことか。高谷がジャワ世界としてくくったのは、ジャワ、バリ、ロンボクの3島である。これらの3島は2000〜3000m級の火山峰が連なる赤道直下の火山島である。火山峰では水が豊富で土壌も肥沃である[15]。

これらの火山峰は皆その頂上部に大貯水タンクを持っているのである。高い山は、いつもその頂上付近は雲に覆われていて姿が見えない。これは煙突効果といわれるもので、麓の空気は頂上に吸い上げられるようにして次から次へと斜面を這い上がっていく。そして頂上付近に至るとそこで冷やされて、水蒸気は凝結し、降雨となる。雲に隠れている頂上はいつも雨が降っているのである。この雨水が今度は岩の割れ目や火山礫の下に潜り込んで流下してくる。そして、普通は中腹の急斜部が麓の緩傾斜部に移る傾斜変更点付近で、湧水として地表に出てくる。こうした泉は時にはとてつもなく大きな水量を持っている。火山はだからいってみれば、水道設備を持っているのである。山頂に大貯水槽を持ち、そこから給水される水が麓の無数の蛇口から流れ出ている。

ジャワは、オーストラリアの風下になり、乾いた空気が入り込むため、赤道直下の割に雨が少ない。そのためこれらの火山峰の山腹は、風がよく通り、乾燥しており気持ちよく、涼しい[16]。規則正しく雨季が始まるので稲作にも適している。

高谷によれば、「ジャワの農村風景は2つのものを柱に成り立っている。水田と屋敷林である[17]」。高い火山から流れ下る、あるいは湧き出る水は、山腹の緩い傾斜地に回され、そこには棚田が広がる。棚田のなかに点在する家々は、半栽培の屋敷林に囲まれている。ココヤシ、ドリアンなどの高木、マンゴー、ジャックフルーツ、ランブータンなどの中木、ミカン、バナナなどの低木と立体的に配置されており、地面には、イモ、生姜、野菜、薬草が植えられ、ニワトリが走り回っている。池があり、魚が飼われている。それぞれの家が自給的な暮らしを確立しており、水（稲作）と森林を共有している。

高谷は、このようなジャワ世界の生態、文化、社会の複合を次のように捉えている。(18)

ジャワ世界というものが一つの〈世界単位〉になっています。ここでは火山山麓を中核とした世界です。年中高温多湿で瘴癘《しょうれい》の熱帯にあって、ここだけは特別住み良いところです。オーストラリアの島陰になっていて、降雨量も少ないのですが、それ以上に、山腹の風当たりの良さがこの居住環境の良さを作っているのです。加えてここは肥沃な火山灰土壌と、高みから流れ下る谷川の水が豊富なために、農業にも好適な条件を備えています。こういうことがあって、ここは古くから人が多く住んできました。おかげで今ではそこは見ただけでも高い成熟度を感じさせる所になっています。どの家もこんもりと茂った屋敷林の中にあり、その屋敷林は果樹や野菜や薬草がキッチリと植えられています。それは荒々しい自然がまだ残る周辺の島々、例えば、スマトラやボルネオなどとは全く違ったものです。そして、この熟成は景観だけではありません。社会や文化にも及んでいます。社会は階層化していて、人々は階層に従った立ち居振舞いをいたします。数多い段階に分かれた敬語などもその一例です。そして、いかにも伝統の中で磨き上げた芸術があります。ワヤンなどはその例でしょう。演ずる芸術家の方だけでなく、それを楽しむ方の観客がまた、その固有の芸術を、言ってみれば、自分たちの生活の一部としています。要するに、ここには、いかにもジャワ的な世界というのがあるのです。それは、周

辺の熱帯多雨林で覆われた外領とは全く別ものなのです。だから、私は、これを固有の一つの世界として括り出し、一つの〈世界単位〉としている、ということなのです。

世界単位論の生成

このようにフィールドワークを重ね、生態・自然環境を丁寧に把握する。それをベースとして改めて、フィールドに戻り、そのなかで感じとっていく。観察記録を積み上げて類推する。その作業と同時に、高谷は対象を突き放しながら地球規模で考える。その地域は地球全体のなかでどのような位置を占めているのか。どのような特徴をもっているのか。どのような交流が積み重ねられてきたのか。このように問いながら、高谷は直観力を磨いていった。

地域間研究へと研究を展開させていくなかで、高谷は、世界単位の捉え方を更新させていった[19]。高谷は「生態型」以外にも、「ネットワーク型」、「コスモロジー型（文明）」といった世界単位のあり方を認めていった[20]。高谷はいう。「世界には実にいろいろな地理的単位があるということが判ってきたのである。それらの個性的な地理的単位を世界単位にしようということになった[21]」、と。

地球全体の棲み分けを論じるようになると、世界単位論に対して、いくつかの視点から批判が寄せられた。例えば、社会経済史を専門とする川勝平太は、「生態ばかりに偏り過ぎている」、そのため「都市間関係、地域間関係の視点がない」、「歴史変化、社会構造の変動を読むという点では弱い」と批判を加えている[22]。

この「生態ばかりに偏り過ぎている」という批判に対して、高谷は次のように主張を述べている[23]。

「生態に偏り過ぎ」という批判だが、私（高谷）もそれを認めたいと思う。しかし認めたうえで、「でもやっぱりこれでいいのじゃないですか」といいたい。理由は、この地球世界は結局は生態原則にそって生きていかねばならないのだし、その意味では生態の意味を充分以上に考えておくことは決して無駄ではないと思うからである。

……中略……

私（高谷）は地球上の大部分のところにはどっしりとした大地が広がるべきだと思っている。そこでは、本当の意味での生態原則が生きているような状態であるべきだと思う。そしてそうした大地の間をぬって交易のルートが広がり、いくつかの都市がある。そういうものであるべきだと思う。私（高谷）のイメージする、あるべき地球世界の姿とはこんなものである。

高谷にとって生態型の世界単位は、地域の範囲を明らかにする発想の原点であった。高谷によれば、地域とは、生態を基礎に社会、文化が複合的に成立するまとまりであり、世界観（価値観、死生観）を共有している、住民自身にとって意味のある単位であった。

生態、社会、文化といった構造的に捉えることができるものと共に、

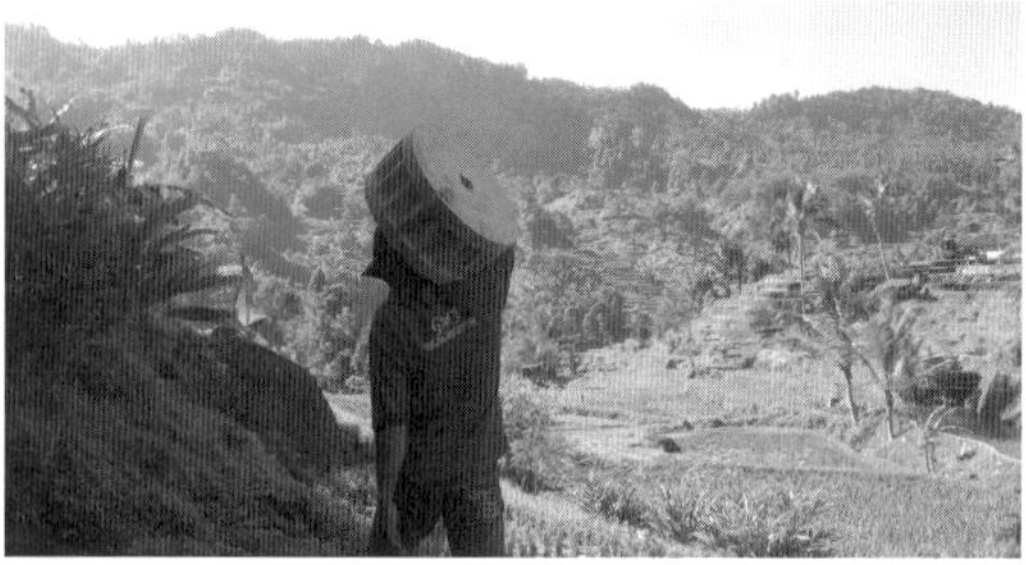

図 1-1　西ジャワの農村風景
「キンチール」（第 10、11 章）を運ぶ村びと
出所：2015 年 7 月 4 日撮影

世界観が重要な地域の定義を構成する。生態を基礎に、その生態に適した生業が育まれると、その恵みとリスクを分かち合う社会集団が発達し、規範や価値観、死生観が、住民自身にとって意味のあるものとして共有される。住民によって共有された世界観が重要なのであり、その世界観によって創り出された地域の個性（自然、人、生業、社会集団、社会構造、社会規範、生活文化）が、その場に現れている。高谷はこのように考える。

以下に続く章では、高谷の世界単位論を応用して、その章の舞台となる地域を設定する。まちづくりはこの、地域を捉えるところからスタートする。いかにして「地域」（＝まち）を住民自身にとって意味のあるものとできるか。読者も一緒に考えてほしい。

思考の深化のために

本章では、まちづくりの思考力を支える直観について考えてきた。伊谷純一郎と高谷好一のフィールドワークの型と、そこから構想された人類進化論、世界単位論のエッセンスをみてきた。

直観とは、経験に基づく類推であるとわたしは述べた。フィールドワークの開始は、経験のはじまりに立つことを意味する。足で歩き、調べ、考える。考え抜いてまたフィールドへと足を運ぶ。それをくり返す。知らないことを知っていく喜びと、わからないことがますます増えていく困惑。出会い、関係が深まり、仲間が増える。出会った人がこっそりと、その土地の秘密を教えてくれたりする。

かもしれない。違いない。やっぱり違った。じゃあ、こうかな。考えを行ったり来たりくり返すなかで、時間と空間がぎゅっと圧縮されていく感覚になる。そのとき、思考は深化している。

COVID-19の世界的な蔓延のなかで、旅ができない、新しい出会いを躊躇《ちゅうちょ》する。やがてまた、自由に動き、出会えるようになるかもしれないけれど、こうした時間と空間がぎゅっと圧縮されていく感覚を、今、テキストで味わうことはできないか。

本書が暮らし方とまちづくりを主題にするのは、毎日の暮らしをフィールドワークと捉え、その気づきを暮らし方に活かすことで、生活の場であるまちとの出会いを更新できないかと考えたからである。暮らし方を一人ひとりが見つめ直すことで、まちの見え方が変わる。行動を起こすことで、まちのあり方にフィードバックされる。暮らし方が変わればまちが変わる。そんなふうになれば、今だからこそますます、面白い。

注

(1)今西錦司、1955年＝1971年「『日本動物記』の誕生」、今西錦司編・伊谷純一郎『日本動物記2　高崎山のサル』思索社：282頁(カッコ内は筆者加筆)
(2)伊谷純一郎、1970年『チンパンジーを追って』筑摩書房：190頁(カッコ内は筆者加筆)
(3)伊谷純一郎、2006年『原野と森の思考――フィールド人類学への誘い』岩波書店：3〜4頁(カッコ内は筆者加筆)
(4)伊谷純一郎、2006年前掲：5頁
(5)高谷好一、2006年『地域研究から自分学へ』京都大学学術出版会：88頁(カッコ内は筆者加筆)
(6)土屋健治はインドネシア政治の専門家であり、高谷とは京都大学東南アジア研究センター(当時)の同僚であった。詳しくは、高谷好一、1996年「〈想像の共同体〉論批判――〈世界単位〉の立場から」『東南アジア研究』第34巻第1号：307〜326頁、を参照。

（7）高谷好一、1996年前掲：310頁
（8）高谷好一、2010年『世界単位論』京都大学学術出版会：158頁
（9）高谷好一、1997年『多文明世界の構図――超近代の基本的論理を考える』中公新書：8頁
（10）高谷好一、1993年『新世界秩序を求めて――21世紀への生態史観』中公新書：10頁（カッコ内は筆者加筆）
（11）高谷好一、1997年前掲：10頁（カッコ内は筆者加筆）
（12）高谷好一、2010年前掲：157頁
（13）高谷好一、1997年前掲：9頁
（14）高谷好一、2006年前掲：92頁
（15）高谷好一、1997年前掲：57頁
（16）同じジャワ島でも西の方で雨が多く、東に行くほど雨季が短くなり、雨が少なくなる。また一般的に、海から離れ海抜が高くなると気温は0・5℃／100mの割合で下がる。
（17）高谷好一、1997年前掲：58頁
（18）高谷好一、1996年前掲：311頁
（19）高谷好一編、1999年『〈地域間研究〉の試み――世界の中で地域をとらえる』（上）（下）、京都大学学術出版会
（20）高谷好一、2010年前掲：145〜154頁
（21）高谷好一、2010年前掲：160〜161頁
（22）川勝平太、1999年「ヨーロッパを作った東洋のインパクト」高谷好一編、1995年前掲（下）：135〜158頁。世界単位論に寄せられた他の批判とその応答については、高谷、2006年前掲：104〜112頁を参照。
（23）高谷好一、2006前掲：110〜112頁（カッコ内は筆者加筆）。晩年の高谷は、故郷の滋賀をベンチマークとして、日本各地、東アジア、インドでのフィールドワークを集中的に行いながら、日本列島の文明生態史を解き明かすことにチャレンジしていた（高谷好一、2017年『世界単位日本――列島の文明生態史』京都大学学術出版会）。

第2章 経験

あるはずのものがない？

本章の舞台　島根県浜田市弥栄町

本章のテーマは、経験である。異なる経験をして、異なる価値観を身につけた人々の暮らしが重なりあう場、それがまちである。まちづくりでは、経験を表現する言葉の力が頼りになる。自分が経験してきたことを、どのような言葉で語るか。人々のあいだで交わされる言葉によって、まちはかたちづくられていく。

しかしながら言葉は難しい。だれかと出会い、言葉を交わすと、その人が何を経験し、どういう構えで生きているのか瞬時に伝わってしまう。具体的な経験を欠き、抽象的な理解に留まっている人の言葉は、すぐに見分けがついてしまう。やみくもに経験しても言葉が深まるわけではない。ただ経験するのではなく、よい経験をするにはどうしたらよいか。まちづくり思考を刺激するよい経験とはどのようなものだろうか。

本章では、比較政治学者のベネディクト・アンダーソンの語りに触発されながら、わたしの最初のフィールドワークを紹介する。その舞台は、弥栄村（島根県浜田市）である。わたしは、島根県中山間地域研究センターの研究員として、集落支援のために弥栄村門田《かどた》集落に移り住んだ。村での暮らしから、わたしは何を経験し、何を考えたのか。

1　ベネディクト・アンダーソンの比較力

経験を捉える

ベネディクト・アンダーソンの自伝、『ヤシガラ椀の外へ』を取り上げる。本書は、ちょっと変わった成り立ちをしている。インドネシア、シャム（タイ）、フィリピン、アメリカに暮らしの場を置き、それぞれの言語を操り、卓越した比較政治学研究を残したアンダーソンが、日本の（日本語を理解できる）若者へ向けて書いた自伝、それが本書である。生い立ちと研究の来歴、旅の経過、インスピレーションや思考が述べられている。

イギリス語（アンダーソンはこの表現にこだわる）で書かれた元の原稿は「建築家の設計図」であり、「日本語版は実際に建てられた（願わくば）魅力的な建築物だと考えてよいだろう。建物が完成すれば設計図は捨ててしまっても構わない」として、訳者の加藤剛（アンダーソンの教え子で比較社会学者）によって再構成された日本語版のみが出版されている。[1]「文化の間に橋を架けて、自分が言葉を解さない日本の読者に語りかけるというのは魅力的に思えた」、とアンダーソンはいう。[2]つまり本書は、イギリス語で書かれたアンダーソンのライフストーリー（人生の物語）を素材に、アンダーソンと加藤という卓越した「比較」研究者による対話篇として読める。

アンダーソンと加藤が経験を捉えるために磨いたセンスは言葉だ。「表現者としての人間は、小説にしても、絵画にしても、哲学にしても、たとえ着想の源が中空から生まれたインスピレーションだったとしても、それをアイデアにし、表現したいものへと考えをまとめていくについては、これを言葉でもって行なう」[3]からである。言語を覚え、歴史を学び、暮らしのなかで文化を経験する。そうした長期にわたる地域研究型のフィールドワークのなかで得られた何かが違う、何か妙だ、あるべきものがないという経験の感覚を、2人は言葉から読み解いていく。

アンダーソンはいう[4]。

例えば、インドネシア語にはご飯の美味なることを表わす言葉として「グリ」（gurih、香りがよい美味しさ）というのがある。もしイギリスからやって来た人なら、この味をイギリス語では表現できないことに気づき、びっくりすることだろう。他方インドネシア語には、古い写真が醸し出す美しい色、イギリス語の「セピア」に対応する単語は存在しない。単語の後には概念が続く。ジャワ語には「ロンアン」（longan）という表現があり、これは椅子やベッドなど、家具の下にある無の空間のことで、このような概念はイギリス語には存在しない。存在しないにもかかわらず存在し、存在しているにもかかわらず存在しない。あるいは、タイ語には、イギリス語の「皮肉（アイロニー）」に当たる概念が存在しない。どうしてそうなのだろうか？

異なるものばかりではなく、共通してあるものもまた、見えるようになる。本書のタイトルともなった「ヤシガラ椀のカエル」についての記述を例にみてみよう[5]。

インドネシア語とタイ語は言語学上はまったく別の語族に属するが、両方ともが「ヤシガラ椀の下のカエル」

「ヤシガラ椀の中のカエル」（インドネシア語ではコドック・ディバワ・トゥンプルン、タイ語ではコップ・ナイ・カラ）という意味の慣用句を持っている。これが言わんとするのは、独りよがりの地方気質（プロヴィンシャリズム）だ。ヤシガラ椀の下のカエルは、椀から這い出すことが叶わず、やがてカエルは、頭上にある椀の天井が天空だと思い込むようになる。

「ヤシガラ椀のカエル」という諺を、「独りよがりの地方気質」（無自覚な地域的偏見）からなかなか抜け出せない状況下に長く置かれることと捉えると、やがてカエルの知る世界はヤシガラ椀に覆われた窮屈で狭く暗い空間だけになってしまう。このように解釈するなかに、アンダーソンの問いの本質が潜んでいる。経験することの内側から得た問いを、いかにして学問の問い、あるいは、社会的な問いへと発展させていくか。

学問の問いへ

まず学問の問いへとどのようにいたるか。この点については『想像の共同体――ナショナリズムの起源と流行』（ベネディクト・アンダーソン、白石隆・白石さや訳、２００７年、書籍工房早山）を読んでほしい（訳者の白石隆・白石さやの両名もまた、アンダーソンの教え子である）。面白い探究のためには、答えのわからない大きな問いを自分に投げかけるとよい、アンダーソンはこのように考える。アンダーソンも「自分自身では答えを持ち合わせていない質問を自らに問いかけた時点から（『想像の共同体』の研究が）出発した」と語っている。[6]

いつ、どこで、ナショナリズムは始まったのか？　それはどうして、かくも強い情動的なスタイルを持っているのか？　どのような「仕組み（メカニズム）」を前提とすれば、地球上の至るところへの急速な拡大を説明できるのか？　ナショナリストをめぐる正史は、どうしてしばしば神話的で馬鹿々々しくさえあるのか？　この主題に関する既存の研究成果は、どうして満足のいくものではないのか？　では、それらに代わって何を読んだらよいのか？

これらの問いに対してアンダーソンがどういう回答を与えたのか。アンダーソンのナショナリズム論に立ち入った検討を加えることは本書の主旨ではないので、ぜひテキストを読んで考えてみてほしい。『想像の共同体』でアンダーソンが論争相手としている「ヤシガラ椀のカエル」が見えるだろうか。この点に興味をもった読者は、『想像の共同体』の続編である、『3つの旗のもとに――アナーキズムと反植民地主義的想像力』（ベネディクト・アンダーソン、山本信人訳、NTT出版、2012年）にすすんでほしい。アンダーソンと共に「ヤシガラ椀の外へ」とふみ出した読者、フィールドに感性がある読者は、こちらの方が読みやすいかもしれない。

社会的な問いへ

経験から社会的な問い（社会問題を問うための問い）の探究へとむかう経路についてもみておこう。『国境を越えた村おこし――日本と東南アジアをつなぐ』（加藤剛編、2007年、NTT出版）がよいガイドになる。東南アジア6地域のまちづくりをテーマに、加藤剛が編んだテキストである。

通底する思想は明確だ。国の中心を離れ、地域から、双方の想いをつなぎながら、問いを共有して、草の根的に力を合わせてそれぞれによいまちをつくる。そういった心を通わせた交流と対話を基につくられるまちづくりの地場に焦点が当てられる。もう一つ面白いのは、たまたま居合わせる、出会うといった偶然性である。偶発的な出会いをかたちに変える感性とパワフルさを、国境を越えてまちづくりに取り組む人々は備えている。このときフィールドワーカーは、問いをもって旅をしているのである。問いを共有した者同士が、出会い、言葉を交わし、仲間となって、関係性が深化していく。そのタイミングは偶然に訪れる。ひとたび出会えば、ネットワークされ、地球規模で、同時多発的なチャレンジが生まれる。

出会いから何かが生まれる手応えは、忘れられないものとなる。わたしも参加した、トヨタ財団国際助成プログラムによる対話企画『理解から共感をもたらすものとは?』(2018年)[7]と、オンラインセミナー「国際協働プロジェクトの倫理と論理を考える」(2021年)[8]の配信を見ていただければ、対話による問いの共有と共感の手応えが伝わると思う。

2 最初のフィールドワーク、必ずしも求められていないと気がついて……

弥栄村(島根県)にて

わたしの経験をふりかえりながら、問いを立ち上げるプロセスを示していこう。ここに取り上げるのは、わたしの経験であり、そこから立ち上がった問いである。それが学問的な問いや社会的な問いへと発展することで、「あなた」の探究に糸口を与えるものになる。

わたしは、2009年3月に大学院を修了したあと、島根県中山間地域研究センターの研究員として弥栄《やさか》村へと赴任した。弥栄村は、島根県に所在した山村である。１９５６年8月に安城村と杵束村の合併により誕生し、２００５年10月に浜田市と合併して、現在は浜田市弥栄町となっている。自治体は合併したものの、空間は弥栄村のまま、まとまっている。わたしが赴任した当時の弥栄町は、人口１５４９人、世帯数７２５世帯、高齢化率43・6％、集落数27集落、林野率86・3％であった（２０１０年5月末時点）。

小規模高齢化がすすむ山村集落に、わたしは、空き家を借りて住み込んだ。集落支援や地域再生を仕事とするためである。今では、集落支援員や地域おこし協力隊として制度化され、地域サポート人材というようなジャンルも成立したが、当時はナニモノでもなかった。

ただ、空き家を借りて暮らすことで集落の一員となり、草刈りや道うち（農業用水路の清掃）を行い、集落の集まりに顔をだし、来訪者を受け入れる。こうした集落活動や地域活動に参加し、経験しながら、集落や地域を支えるネットワークを設計することが仕事だった。

農業、林業を専門とする研究員がいた一方で、わたしは、人材育成の担当として、島根県立大学の非常勤研究員を兼任しながら、フィールドワーク教育のカリキュラムづくりや、大学生のボランティア参加の仕組みづくりに携わった。大学生が地域に参加し、経験する、それをコーディネーションする。地域に不在になりがちな若者層が、定常的に存在する状態を創り出し、地域住民の活力を引きだす。そんなミッションを負っていた(9)。

ともかく、着任後は、居住空間を整え、地域を知ることから始まった。それまで5年間空き家だった家を借りたため、湿気で腐って床が抜けている部屋もあり、ムカデやネズミなどの虫や動物の住処になっていた。掃除を重ね、寝室の確保、リビングの確保、トイレや風呂、台所の再生など、使える部屋を少しずつつくっていくことから始まった。

わたしは、集落や地域の活動に参加しながら、地域の人々が何に困っているのか、どのような気持ちで暮らしているのか、何を不安に思っているのか、誰が仲間になってくれるのかを探っていった。

集落支援とひと口に言っても、やることはいくらでもある。自分の暮らす集落の会合や行事、草刈りや農作業の支援。市役所が主催する地域行事やまちづくりのイベントにはスタッフとして、ふるさと体験村春祭り、夏祭り、枝豆オーナー収穫祭、秋祭り、産業祭、ホームカミングデー、雪下ろしなど、さまざまな行事やイベントに、集落の一員として参加した。自分たちだけでは手が足らず、目がまわる。こうしたところを大学生ボランティアにも手伝ってもらった。

集落支援をつづけるうちに、行事やイベントのたびに、女性陣が集落全員とお客さんの料理をつくっていることに気がついた。料理当番は、集落内の上・中・下の3組によるもち回りで行われていた。当時、上・中組には若手・中堅の女性陣がいたが、下組の女性は高齢化しており、下組の住民であったわたしも、料理づくりを手伝った。味を決める人がいたり、手順を指示する人がいたり、見えないルールや関係性に気がつくようになり、面白かった。男子禁制とは言われていなかったけれど、厨房に集落の男性はいなかった。

集落では、葬儀が相次いだ。葬儀は集落で行い、故人を集落でおくることが続けられていた。集落の集会所で行われる通夜・葬儀に参加し、その度にエプロンをつけて厨房に入った。葬儀のときにも調理場へ入り、死者を弔う人々を迎え、共にお悔やみを受けた。

必ずしも求められていない

集落支援というものは、必ずしも住民のすべてに求められているわけではない。[10] わたしのケースでは、配置を計画したのは、島根県中山間地域研究センターと地方自治体の浜田市弥栄支所であった。配置されてわかったことだが、集落では、「誰か若者が研究に来るらしい」、「集落に空き家を借りて暮らすらしい」、「受け入れてほしいと頼まれた」という認識でおり、集落からの要請ではなかった。そのため、「自分が行くことで集落や地域を盛り上げよう！」と意気込んで赴任したわたしの気持ちは空振り。スタートから何かがおかしいな、違うなと感じていた。なるほど、募集と採用を行う主体と、配置先の集落や住民とが十分に話し合われていないこともあるんだ。だれが何を問題とするかで、その解決方法も違うんだな、そんなことに気がついた。集落支援員の配置が、地方自治体から求められていても集落の総意とは限らない。わたしは、ここからスタートした。

もちろん、熱心にまちづくりに取り組んでいる住民とはすぐに仲良くなり、連携や協同の話が具体的に進んでいく。大学生も受け入れてもらえる。しかし多くの住民にとっては、支援員が何をしているのか、何をしに来たのかわからない。まちづくりの主役になるわけでもなく、まちづくりに積極的な住民だけの力になるわけでもない。わたしは、そのあいだにいることを心がけていた。

支援員がまちづくりの主役になるのではない、と考えたのには任期の問題があった。わたしの場合、任期付きの契約研究員であり、終了後は地域を離れる可能性が高かった。集落支援員や地域おこし協力隊などの事業で派遣される場合の任期も、最大3年程度である。これに対して、まちづくりの時間は少なくとも10年単位。ビジョンをもつのは30年単位。次の世代まで見通しながらの活動となる。まちづくりの時間と集落支援員の任期にはズレがある。例えばわたしが、何らかのオーナーシップを取り、住民を先導して精力的に活動すると、新しい企画や事業の立ち上げは可能となるかもしれない。しかし任期を終え、地域から退くとき、その企画や事業が終わってしまうと疲労感だけが残る。よくあるまちづくりは、これをくり返して住民の気持ちを疲弊させているように感じた。

その一方で、わたしは短期派遣のまちづくり専門家とは違う関係性の築き方ができた。まちづくりに積極的な住民とだけ関わるのではなく、短期派遣では出会わない、まちづくりに出てこない人々のところを回り、訪れることができた。家に上がって、こたつを囲んで、さまざまに話を聴くことができた。昔あったけれど、なくなったものについて聴くことが多かった。どうすれば喜んでもらえるかなぁ、何が本当にしたいこと、してほしいことなのかなぁ、と考える時間であった。

先輩・皆田潔

春の農村はとても忙しい。わたしは、弥栄村への着任後すぐ、地域内各所への挨拶まわりもほどほどに、春祭りなどの地域行事への参加と草刈りに追われた。弥栄郷づくり事務所と名付けられた新しいオフィスには机もイスもなかった。わたしの仕事は、山から木を切り出して製材し、木工所で大工の棟梁・小松原峰雄に教えてもらいながら、自分たちで机とイスをつくることからはじまった。

通常、集落支援員として採用され、配置されるところには、ネットワークも土地勘もないところにひとりで飛び込む。わたしの場合は、先輩研究員の皆田潔《みなたきよし》がすでに活動の基盤を築いていたので、村での関係性や活動をつないでもらい、生活をサポートしてもらった。空き家を探し、大家さんと交渉してくれたのも、草刈り機の使い方を教えてくれ、道具を貸してくれたのも、朝起きたらどっさり雪が積もっていて家から出られなくなったときに助けてくれたのも、皆田であった。まちづくりの現場でどう判断したらよいかわからないときも、相談相手に困らなかったことで、わたしの心理的な負担感はおおいに軽減された。

このような経験から、支援員を募集・採用・配置する地方自治体の、制度設計や運用の重要性を考えるようになった。(11) 地方自治体の将来構想があいまいだと、支援員は、活動の焦点が定まらず、右往左往することになる。仕事の評価軸も定まらない。限られた期間の活動であることを考えると、受け入れ側の地方自治体は、採用の段階からテーマと職務内容を明示した上で募集し、着任してからは、集落活動への参加機会をコーディネートしたり、暮らしの不便を支えるなど、とくに支援員の始動期間のサポートを十分に行う必要があることもわかった。

3　水は誰のものだろう？　問いは経験から立ち上がる

では、集落支援からまちづくりへ、いかにして展開するか。何を手がかりにして、どのようなまちづくり思考を展開するか。弥栄村での経験から、わたしは、どのような問いを立ち上げたのか。

1枚の絵図

手もとに1枚の絵図がある（図2―1）。「弥栄村ふるさとマップ」と題されたそれには、お寺やお堂、神社や祠、城址や屋敷跡などがびっしりと書き込まれている。山川の形状が丁寧に描き出され、山間農村の風土が視覚的にわかるよう工夫されている。集落と集落、暮らしと施設、ムラとマチをつなぐ道路が、川に沿ってあるいは山を横断して走っている。過去から現在に至るムラの履歴が1枚におさまりスナップされている。作成者の記載はないが、地域をよく知るものの手で描かれたに違いない。

弥栄村の空間的な特徴を、このマップを読み解きながら考えてみよう。多数の小さな川の流れが生まれる水源の姿が浮かんでくる。それらの流れは郷を抱くように合流し、周布川、三隅川となり、やがて日本海へと至る。周布川と三隅川は、それぞれ二級河川でありそれほど大きな川ではない。縦横に走る道や至るところに見つかる史跡や祠に注目すれば、源流の郷を中心に、自然環境と文化が一つのまとまりをなす領域が成立しているようにみえる。

わたしは、門田《かどた》集落に暮らしながら、まちづくりを仕事にしていた[12]。そのため村をよく歩いたものだが、今振り返ってみても、弥栄村は「水が豊かな村」、「水源のまとまりを共有した村」であったという印象は残っていない。なぜだろうか。原風土の改変、開発空間の形成プロセスを捉え返してみよう。

図 2 - 1　弥栄村ふるさとマップ（一部）。○印が門田集落。
出所：2001 年 7 月、弥栄村教育委員会発行

開発の風景

弥栄村には、郷を囲むように4つのダムが配置されている。図2―1では、周布川水系の周布川ダムと大長見ダムを確認することができる。周布川の水力発電開発は明治後期に始まる。1911年（明治44年）5月、周布川の水利権を取得した浜田電気が、後に大同電力（現関西電力）、東邦電力（現中部電力）を起こすことになる福澤桃介を取締役社長に迎えて設立される。翌1912年2月には、弥栄村大字栃木に、出力250kWの一ノ瀬発電所（後に周布川第一発電所に改称）が稼動する。さらに1921年には、周布川下流の三階村長見に出力400kWの周布川第二発電所が建設される。浜田電気の1921年末時点の供給範囲と容量は、配電線亘長215・0㎞、配電用変圧容量790・5kVAを備え、那珂郡のほぼ全域、益田市、さらには山口県阿武郡田万崎村や須佐村にまで電力を供給していた記録が残っている。

1922年9月、浜田電気は出雲電気と合併する。出雲電気の発電所として、1926年、周布川第一発電所の設備更新が行われ、出力が500kWに増大された。以降、第二次世界大戦後の再開発で廃止になるまで安定して稼動し続けた[13]。供給容量は不足しがちで、苦情もあったようだが、周布川の水力エネルギーは石見地方の広域をカバーする電力源であったことは間違いない。

周布川の再開発は、第二次世界大戦後、中国電力によって1953年から進められた。1961年9月に新周布川第二発電所が、同年11月に新周布川第一発電所が完成する（この新発電所完成にあわせて、旧発電所は廃止された）。周布川第一発電所のために建設されたダムが、高さ58mの周布川ダム（弥栄村青尾）である。貯水池の有効容量は714万3000㎥、貯水池から延長4528mの圧力導水路により、弥栄村栃木の周布川第一発電所に導き、最大9800kW（流量＝8・0㎥／s、有効落差＝146m）を発電する。さらに、第一発電所の下流1㎞地点に高さ20mの長見ダムが建設され、いったん周布川に放流された水は、再度8万4930㎥の調整池に貯えられる構造になっている。長見ダムからは、延長3034mの導水路によって、浜田市大字内村の周布川第二発電所に導かれ、最大4600kW（流量＝7・0㎥／s、有効落差＝81・5m）を発電する。(14)弥栄村青尾で取水された水は、下流の町で周布川本流に戻される。

もう一つの三隅川水系で水力開発が始まるのも、1950年代後半から60年代にかけてである。三隅川水系の開発は、島根県企業局によって行われた。1959年に起工された三隅川発電所が、1961年4月に稼動を開始している。この三隅川発電所のために建設されたダムが、高さ39mの木都賀ダム（弥栄村木都賀）である。貯水池の有効容量は155万8000㎥、貯水池から延長6298mの導水路により、三隅町下古和の三隅川発電所に導き、最大7400kW（流量＝4・7㎥／s、有効落差＝193・5m）を発電する。また御部ダムは、三隅川総合開発事業による洪水調節、発電用水の確保を目的として、1990年に建設された。三隅町上古和に所在し、高さ63m、有効容量1550万0000㎥、直下に460kW（流量＝2・0㎥／s、有効落差＝29・76m）の御部発電所を備える。(15)

このように、100年程度をかけて自然空間を改変してきた弥栄村の源流域は、4つのダムと4つの水力発電所を備える「エネルギーの生産基地」となっていた。水の総使用流量は21・7㎥／s、設備の総出力は2万2260kW（最大）である。毎秒20トン以上の水が、弥栄村内の地域空間を流下することなく、直線的に発電所へ送られ、電力に変換されている。

だれが豊かになったのか

ダムなどを建設する大規模な水力発電の場合、水は自然の恵みであり、流域の地質や面積など、発電者が努力して獲得したものではないものに依存している。ただし、ダム建設の貯水による流量の増加、管路を用いた落差の確保など発電の重要な変数に関しては、発電者が相当の努力をしている。

もちろん、水源地域に対する配慮は当然必要であるし、減水区間（発電用に管路などを通り、川の流量が減る区間）では、その間の権利関係の調整や配慮、生物への影響への配慮が必要になる。こうした配慮を丁寧に行ったうえで、水力発電によって得られた利益は、基本的に、発電者が得ている。なるほど、豊かな水があるというだけではダメで、その水を資源開発した発電者（あるいは開発に投資した者）が利益を得られるのだ。

では、その土地の水を誰が、どのように利用するか。利用のためにどのようなルールがあるのか。近世までは、地域を単位とした共有利用が基本であった。日本では、農業用水が先行して権利を得ていることが多く（慣行水利権といわれる）、下流地域との協議のなかで、取水方法、利用期間、利用量などが定められてきた。そうした意味では、水は地域の共有財産として、公益的な性格をもって利用されていた。

これに対して、後発の工業用水や発電、都市開発のために、「水利権」という権利が明確にされ、ダム開発が始まっていく。つまり「水利権」は、開発の手段といえる。慣行水利権は共有財産としての考え方が強いのに対し、「水利権」は開発者の権利であり、開発の目的や開発主体によって、必ずしも地域住民の直接的な利益となるわけではない(16)。

問いが見えてきた

川や水などの地域資源を、住民が主体となって、地域の持続可能性を追い求めるために活用する。まちづくりの基本的考え方として、このことに異を唱える人は少ないだろう。しかし地域資源には、「現在まで使用されないで残っている」というただし書きがつく。弥栄村ではあるはずの水がなかった。だれかに先に使用されていれば、その資源を使うことはできない。つまり、まちづくりの面では存在しないことになる。まちづくりはその時点で残っている地域資源を活用して行う条件戦なのである。

その土地にあるもの、残っているもの、手をつけずに残し、守るべきもの。「今、ある」というところからまちづくり思考をスタートさせよう。そうすれば、あるはずのものがないと気がつくようになる。ほんらいはこうあるのが自然だ、らしくあるとはどういうことだろうと思考が展開していくようになる。あるものから発想するクセを身につけることが大事だ（図2―2）。

以上の点について、哲学者のイヴァン・イリイチは、「資源（resources）としての環境」と「コモンズ（commons）としての環境」を区別する。産業社会における商品生産に使われる「資源」と、その土地の生活・生業のための活動を支える「コモンズ（地域の共有財産）」との区分である。[17]

インダストリアリゼーション（工業化・産業化）によって、「一個の巨大な工場[18]」と化した現代社会では、農業・農村、林業・山村にも、産業社会の論理とその生活様式が浸透している。弥栄村で経験した源流域の電源開発のように、こうした開発空間の形成には、少なくとも100年程度の時間がかけられてきた。こんにち、「資源」として自然・環境を捉え、産業社会の論理のもと開発するという思想が優勢だ。

これに対して、「コモンズ」の視点から、その土地の自然環境と社会問題を問い直し、再構成していくことは、いかにして可能となるだろうか。コモンズ型の自然エネルギー導入を、地域の豊かさとどのように結びつけられるのか。理想の風景とはどのようなものか。水の自治、エネルギーの自給、自然再生とコミュニティの復元、循環社会の再構成が重要だ。

　資源開発型の水力発電に対し、こうしたコモンズ型の自然エネルギー導入という考え方を対置することで、まちづくりを行いたい。そのためにどのような理想を描き、理念を練り上げるか。これを可能にするまちづくりを担う地域主体のあり方、組織やネットワークはどのようなものか。さまざまに挑戦して、自分なりの答えを出したい。

　果たして、問うべき問いが、わたしのなかでかたちを成してきた。以下に続く各章で、これらの問いを携えて積み重ねていったまちづくりの実践を物語っていく。

①泊々淵《どうどう》へ。あるものさがしに出発

②川に魚はいるかな？飛び込めるところはあるかな？

③「一番最初はダマサレタ‼気分だったよ。
まぁ、やってたら楽しかったけどね‼」

④「河野貢さんの生きる力、竹と木と山の匠」の
絵地図を作成

図 2-2　吉本哲郎（はしがき参照）の指導を受け行った弥栄村でのあるものさがし。
経験を絵地図に。発見を言葉にして伝える。

出所：①〜③ 2009 年 8 月 18、19 日、皆田潔撮影　④ 2009 年 7 月 15 日、堀尾正靱撮影

思考の深化のために

最初のフィールドワークについて、アンダーソンはこのように述べている。(19)

ほとんどの研究者にとって、最初のフィールドワークの経験ほど決定的なものはないであろう。ショック、興奮、どこか違う、何かが変だ――その時に味わうこうした感覚を、二度と再び同じように感じることはない。学問的キャリアの後年になって、私はシャムとフィリピンで何年も過ごし、これらの地で学び、暮らした。2つの国にそれぞれ魅了されて、私はこれらの国を愛するようにもなった。しかし、インドネシアが、私にとっての真の初恋だった。タイ語もフィリピンの国民語タガログ語も、話し、そして読むことはできる。だが、インドネシア語こそが、私にとっての第2の言語であり、滑らかにそれも大いなる喜びを持って書くことのできる唯一の言葉だ。今でも時々この言葉で夢を見る。

わたしも弥栄村での経験に同じような愛着をもっている。もちろん、駆け出しのキャリアのなかで不十分なことも多く、弥栄村のために貢献できたことは多くない。それでも、このときの経験を手放さず、出会いを胸において、今も歩んでいる。

本章では、経験について考えてきた。課題に直面したときには、どうすればよいのか、と直線的に考えがちであるが、読者はその前に立ち止まってみてほしい。実際はどうなっているのか、なぜそうなっているのか、と考えるクセをつけてほしい。推論をすすめるなかでも、ほんとうにそうだろうか、どうしてそう言えるのか、と省察してほしい。あるはずのものがない、何かがおかしい。フィールドワークの経験から気づきが得られる。最初のフィールドワークからもたらされた経験が、「問い」の基本形をかたちづくってくれる。

注

(1)ベネディクト・アンダーソン、加藤剛訳、2009年『ヤシガラ椀の外へ』NTT出版：4頁
(2)ベネディクト・アンダーソン、2009年前掲：2頁
(3)ベネディクト・アンダーソン、2009年前掲：243頁
(4)ベネディクト・アンダーソン、2009年前掲：187〜188頁
(5)ベネディクト・アンダーソン、2009年前掲：188〜189頁
(6)ベネディクト・アンダーソン、2009年前掲：233〜234頁(カッコ内は筆者加筆)
(7)わたしが参加した東北セッションは、加藤剛の教え子である楠田健太(東京藝術大学)が企画した。トヨタ財団国際助成プログラム、2018年『理解から共感をもたらすものとは?』https://www.toyotafound.or.jp/international/2020/data/dialogue_jp.pdf
(8)トヨタ財団国際助成プログラム、2021年オンラインセミナー「国際協働プロジェクトの倫理と論理を考える 第1回 協働とは?」https://youtu.be/9r36_6tKNkA
(9)橋本文子・藤本穣彦、2011年「ボランティアコーディネートをつうじた中山間地域再生の可能性――ひきみボランティア活動支援事業を事例として」『総合政策論』第20号：97〜118頁、及び、藤本穣彦・田中恭子・橋本文子、2011年「大学と地域をつなぐコーディネート機能の構築――「島根県立大学地域コーディネーター」配置の社会実験を手がかりとして」『総合政策論叢』第21号：97〜118頁
(10)藤本穣彦、2013年「人口減少の被災地域におけるコミュニティ政策への視点――地域支援人材配置の社会実験をふまえて」『サステイナビリティ研究』第3号：135〜149頁

(11)皆田潔・藤本穣彦、2011年「職業としての集落支援・地域再生」、島根県立大学JST人材育成グループ編『中山間地域再生の処方箋――小さな自治・人材誘致・小さな起業』山陰中央新報社：24～32頁、及び、藤本穣彦、2010年「人材配置による集落支援制度の可能性と課題――モデルとなった島根の事例から」『農業と経済』第76巻第11号：25～34頁
(12)農政学を専門とする小田切徳美は、リゾート開発型の「地域活性化」と対比して、「地域づくり」を内発性、総合性、多様性、革新性の視点から新しい地域の仕組みづくりとして捉えていく。また「地域再生」には、より困難な局面から、より強力な「地域づくり」が希求されているという意味を読み取る（小田切徳美、2014年『農山村は消滅しない』岩波新書：52～55頁）。本書もこの捉え方を支持し、小田切のいう「地域づくり」と「地域再生」を包括して「まちづくり」と記述する。
(13)中国電力株式会社、1974年『中国地方電気事業史』：168～170頁、176頁
(14)中国電力株式会社、1974年前掲：867～868頁
(15)島根県企業局ホームページ https://www.pref.shimane.lg.jp/infra/energy/energy/denki_jigyo/suiryoku/
(16)藤本穣彦、2016年「近代河川行政の成立と水利権――「川」と「水」のマネジメントに関する基礎的考察」『社会と倫理』第31号：151～163頁
(17)イヴァン・イリイチ、桜井直文監訳、1991年＝1999年『［新版］生きる思想――反＝教育／技術／生命』藤原書店：43頁
(18)厚東洋輔、2006年『モダニティの社会学――ポストモダンからグローバリゼーションへ』ミネルヴァ書房：152頁
(19)ベネディクト・アンダーソン、2009年前掲：102頁

第3章 問い

よい問いは探求の出発点となる

本章の舞台　九州と中国山地を行き来して

本章のテーマは、問いである。よい問いに導かれてはじめて、経験は探究の出発点となる。経験を重ねながら深く考えることで、本質を言い当てる言葉が生まれる。まちづくり思考も同様にこのようなプロセスで生み出される。では、よい問いとは何か。

人間は多様であり、一人として同じ経験をして、同じ考えをもっている人はいない。暮らしの悩みや不安の抱え方は人によって異なる。人生の楽しみ方や生き方も一人ひとり違う。だからこそ問う意味がある。わたしの問いを示し、それを囲んで対話する。言葉を吟味する。それを続けるうちに、やがて双方のあり方が変えられていく。わたしの問いはあなたの問いともなり、やがてまちづくりの問いとなる。中国地方と九州を行き来しながら、わたしはそういう経験をした。

出会いを生み出し、信頼関係を深めるような問いを「よい問い」とすれば、それはいかにして生み出されるのか。どこからどのように問うと「よい問い」となるのか。

本章では、暮らし方からまちづくりを問う方法について考えてみたい。

1　質問する力を磨く

「よい問い」について考える糸口として、質問する力について考えることからはじめよう。哲学者の野矢茂樹は次のように問いかける。(1)

変えるべき「たった一つ」のこと、それは「質問できる生徒を育てる」ということである。これまでは教師が質問し、生徒が答えていた。なるほどそれによって生徒の「解答する力」は鍛えられるだろう。しかし「質問する力」は鍛えられない。

……中略……

多くの教師がそうだろうが、授業ではよい質問を生徒に投げかけようと工夫する。しかし、教師が質問しているかぎり、生徒の質問力は育たないのである。

私たちは、生徒として、学校で質問する技術を教えられてこなかった。これは従来の学校教育の欠陥である。私たちは新たに、質問の練習を始めなければならない。

なるほど振り返ってみても、質問する力について教えられたことはない。読者の多くも同様だろう。質問する力を身につけていくためには、自分で問いを立て応答するという基本をくり返すしかない。

では、あなたは何種類の質問の仕方を知っているだろうか。野矢によれば、3つの質問の型を示すことができるという。(2)まず、「情報の問い」である。相手の言ったことや経験したことについて、もっと知りたいと思うときの問いである。この情報の問いはさらに、より詳しく知りたいという問いと、関連することをさらに知りたいと話題を広げていく問いに整理される。

次は、「意味の問い」である。相手の言ったことや経験したことについて、意味がよくわからないとき、どういう意味かを問うことである。わからない言葉や曖昧な言葉の意味を問い、もっとわかりたいと思う。

最後は、「論証の問い」である。きちんと納得したい、という思いは大切である。なぜそう考えるのか。どうしてそう判断できるのか。話に飛躍がないか、独断に基づいた言葉でないか、納得できるまで根拠を問うことである。「よい問い」のためには、この「論証の問い」が重要だ。

『大人のための国語ゼミ』（野矢茂樹）は、こうした点について考える基本文献だ。自分なりに読み解いて、質問する力の基礎を修得してほしい。

2 暮らし方から問いを立てる、100人ヒアリングの力

五ヶ瀬町（宮崎県）にて

2011年8月、わたしは、九州大学大学院工学研究院で流域システム工学研究室の学術研究員に着任した。河川工学者の島谷幸宏をリーダーとして、「I／Uターン者受け入れを促進するための産業創生を進めるため、地域の自然や文化の発掘による地元力を誘発し、地域内部の摩擦を克服し、全員参加で構築する「自然エネルギー社会企業」の組織原則や仕組みの開発・実証を行なう」というプロジェクトを担当することになった。対象地は、宮崎県五ヶ瀬町であった。

島谷が最初に時間をかけたのは「100人ヒアリング」である。約1年をかけて、合意形成を専門とする

学術研究員の山下輝和を中心に、五ヶ瀬町を継続的に訪れ、老若男女、世代、性別、所属を超えて、五ヶ瀬に暮らす人々の関心や心配、懸念と将来への不安を聞き取り、地域の社会構造やネットワークを分析した(3)。

五ヶ瀬町の人口4333人(2011年11月)のうち、約120名を対象に、のべ500回を超えるヒアリングが行われた。ヒアリングの際には、「何も決めつけてかからない」、「教えていただく」という態度が重要であった。先入観をもたず、説明するのではなく、〈問いかけをする〉という姿勢が重要であった。

一例を挙げると、「東京の人は、都市部から農村部へのI/Uターンが進むようになると、社会がよくなるというんですけどどう思いますか」、「五ヶ瀬ではないところで、こんなふうに考えている人たちがいるそうですが、それは五ヶ瀬の地域のためになりますか」、「あなたの暮らしや五ヶ瀬の自然環境と何か関係がありそうですか」というように。「なぜそうなっているのか」の問いをオープンにする。どうしてそうなっているのですか、と問いかけてみることで、問いかけられた一人ひとりが、自分の抱えている不安や心配を伝えてくれる。問いかけを行い、聞き取ることをくり返し、「100人ヒアリング」は重ねられていった。

このようにして抽出された五ヶ瀬町の心配と関心は、次のようにまとめられた。①少子高齢化が進んでいる、②I/Uターンをしたくとも働く場がない、③転勤族の母親層が地域内で孤立している、④お産施設がない(里帰り出産をしたくとも、安心してお産ができないので帰らない)、⑤鹿・猪の獣害に悩まされており、農業が疲弊していっている、⑥地域特産品の創出(ピオラ、パプリカ、お茶、しいたけなど)に積極的にチャレンジしている農家がいるがバラバラで、地域全体の力につながらない、⑦第三セクターであるワイナリー、スキー場の経営がうまくいっておらず、第三セクターに対する住民の不信感がある。これらは住民の全体に共通しているが、③、④は女性が強い関心を持っており、男性と女性によってその重点は異なっている。

女性の視点から、助け合い・支え合う活動は町の社会福祉協議会が地道な取り組みを進めているものの、学校の教員などの転勤家族や専業主婦の母親層が孤立しがちになっていることが指摘された。この状況を変えようと、Iターン者の子育てママが「子育てサロン」活動をはじめていた。活動の輪は順調に広がり、子育てママの活動を支えるママ（おばあちゃん）世代の活動とつながっていた。

自家用車で1時間半圏内にはお産施設がない五ヶ瀬町では、そのことが長年地域の懸念となっていた。わたしたちは、20名の女性たちと共に、水巻市民病院と綿密に連携した地域お産施設「バースセンター姥懐」（福岡県遠賀郡芦屋町）を視察した（2012年2月28日）。「できそうにないと思っていたけれど、じっさいに見てみたら私たちでもやれそう」、「すぐに全部は難しいけれど、何かできることからできそう」という意見が現れはじめた。

こうして共有された五ヶ瀬町の地域課題を解くために、五ヶ瀬川の源流域であるという地域性から、水の力でつなぐ、という考え方が採用された。五ヶ瀬川流域は、下流の延岡市に立地する旭化成株式会社と日本窒素肥料株式会社によって、古くから水力エネルギーが利用されてきた。大正時代以来、五ヶ瀬川流域には、22か所の水力発電所が建設され、水力発電所による最大出力の合計は13万8000kW、最大取水量の合計は、約238㎥／sである。このうち五ヶ瀬町内には3か所の水力発電所があり（三ヶ所発電所、回淵発電所、桑野内発電所）、最大出力の合計は、8900kWである。

「再生可能エネルギーポテンシャル調査」（環境省、2009年）に基づいて、五ヶ瀬町内の中小水力の包蔵量（利用可能なエネルギー量）を調べてみると1万7127kWであった。環境省の評価には、既設分も含まれているため、上記3か所を除いた残りの8000kW程度が、五ヶ瀬町の未開発包蔵量であると評価される。現在の電力の使用状況を勘案しても、十分な自給力があることがわかった。(4)

3 地域の力をどう集めるか?

地域小水力

一般的に、水力エネルギーは、流量(Q)と落差(H)によってその出力(P)が規定され、数式1のように求められる。

水のエネルギーは安定しており、水力発電の年間発電時間は7000時間といわれている。そのため、わずか1・4kWの小さな発電システムでも、年間で9800kWhの電力を生み出すことができる。(5)

小水力発電という考え方がある。小水力発電は、「ダムなどの大規模開発を伴わない、環境に配慮した水力エネルギー」(国際エネルギー機関)、「大規模ダム(貯水池式)、中規模ダム(調整池式)ではなく、河川の水を貯めることなく、そのまま利用する発電方式」(全国小水力利用促進協議会)、と定義される。(6) 出力規模による小水力発電の定義は各国で異なり、日本は1万kW以下とすることが多い。(7)

小水力発電は、ダムなどの大規模施設建設の必要がないため、それほど大きな投資も自然改変も必要とせず、地形と流量に依存する。流量は、降水量、地質、森林・土地利用の来歴による。そのため小水力発電は、基本的には、その土地の自然の恵みそのものであり、得られた電力が地域に帰属する性格をもつ(図3—1)。

新たな発電用の水利用については、農業用の慣行水利権や漁業権など、その地域で先行して利用されている権利との調整が必須である。また、流水をなるべくそのまま利用するため、河川環境の保全や山林の

数式 1　$P(\mathrm{kW}) = Q(\mathrm{m^3/s}) \times H(\mathrm{m}) \times 9.8(\mathrm{m^2/s}) \times \eta$

ここで、P：出力、Q：流量、H：有効落差（総落差－損失）、g：重力加速度、η：総合効率（0.6～0.8）である。水の密度（1,000kg/ m^3）は一定とみなす。

例えば、水深 20cm、水路幅 50cm、流速 50cm/s の時、流量は 0.2 × 0.5 × 0.5=0.05m^3/s となる。落差を 4m 取れれば、出力（P）≒ 1.4kW（=0.05 × 4 × 9.8 × 0.7）となる。

162kW フランシス水車
イームル工業株式会社（東広島市）

発電機
株式会社明電舎
コイル巻き直し：桑原電工株式会社

図 3 - 1　壬生《みぶ》水力発電所（1957 年設置）
出所：広島県北広島町、2011 年 9 月 26 日撮影

管理、生物・生態系への配慮も必要である。渓流での釣りやシャワー・クライミングなどの遊びを阻害してもいけない。小水力発電所の建設にあたっては、これらのことを注意深く配慮しながら、多様で多面的な地域の水利用のなかに、素直に位置づけることが求められる。

小水力発電の導入には、地域住民が主体となり、さらに、下流域の住民や河川管理者、農家などの河川利用者など、地域の水を共有する人々が、長期的な視点をもって参加することが望ましい。なかでも、子どものころ川や山で遊んだ地域住民の経験は貴重である。子どもの参加が得られるとなおよい。初期段階から、情報をオープンにし、参加の機会を多層的につくっていきながら、計画策定に際しては、すぐに達成できるものから長期的なものまで、段階的な目標を設定する。そうすることで、多世代の、多様な参加に支えられたプロジェクトを設計することができる。

小水力発電の導入と持続的な運転を、山・川・農業・林業・遊びなどを包摂した地域社会全体のリ・デザインの機会とし、コモンズとしての公益性をもって了解しあい、その合意を地域社会のなかにしみ込ませていく。つまり、小水力発電を、地域が主体となって、多様性を受け入れながら、持続的なまちづくりのために導入する。共有財産をつくる。地域のエネルギーは地域でつくるという「地域小水力」のエネルギー・コンセプトは、こうしたプロセスの全体を捉える概念である。

地域主体

では、地域住民は、いかにして「地域小水力」の主体になるのか。第二次世界大戦後の、地域電化の経験にそのヒントがある。

第二次世界大戦後の日本では、急速な工業化・産業化に伴う電力需要の増加に対応するために、GHQの指導のもと、対日援助見返り資金による融資によって、大規模な水源開発が行われた[8]。そうした大規模水力開発と並行して、農山漁村や離島における未点灯集落の解消を目的に、協同組合方式による小水力発電の開発も進んだ。

1951年には、「農林漁業資金特別融通法」により長期融資の措置が講ぜられた。さらに1952年の、「農山漁村電気導入促進法」(1952年12月29日、法律第358号、最終改正:2011年5月2日、法律第37号)が、小水力発電の地域的な普及に大きな意味をもった。

この法律では、「電気が供給されていないか若しくは十分に供給されていない農山漁村又は発電水力が未開発のまま存する農山漁村」を対象として、電気設備の導入に際し、日本政策金融公庫による資金の貸し付け(第4条)や、国の補助(第5条)がなされることが、明確に位置付けられた。発電事業の主体については、「当該農山漁村にある農業、林業又は漁業を営む者が組織する営利を目的としない法人で政令で定めるもの」(第2条)、とされている。具体的には、農業協同組合や漁業協同組合などの共益的性格を有する協同組合が、エネルギー事業の主体として位置づけられた[9]。

もちろん、農村に暮らす人々の多くが農業従事者であった当時と比べ、兼業化・都市化が進んでいる現在では、従来型の協同組合がその地域の公益性を代表しているわけでは必ずしもない。しかしながら、改めて地域の公益性を代表する小水力発電の専門農協を組織することは可能である。このほか、慣行水利権など先行的な水利用の権利を有する土地改良区などの水がかりや、財産区を主体としたまちづくり会社の設立など、現在の地域のあり方をもって、地域の公益性を代表する発電事業の主体を組織することができる[10]。

自然エネルギー社会企業

いかにして地域住民や関係者と「地域小水力」の考え方を共有し、実現に向けて、共に探究するかたちにできるか。

自然エネルギーを地域の持続的発展のために利用し、I／Uターン者受け入れを促進するための産業創生を進める。そのために地域の自然や文化の発掘による地元力を誘発し、地域内部の摩擦を克服し、全員参加で「自然エネルギー社会企業」(地域主体)を創出する。小水力発電を小集落単位で行えるよう、地域単位と水利用のセットを細かく編み直していく。末端から力をつくり直していく。それを地域全体でつないで考える。これがコモンズ型の自然エネルギー導入を基盤に、地域の課題をつないで解決し、豊かさを創出するためのわたしたちの処方箋であった。

島谷によれば、この自然エネルギー社会企業体は、「新しい公《こう》」を担う社会的企業であり、「まちづくりの頭脳集団で、気は優しくて、力持ち」という、地域住民に広く信頼され、愛される存在となることが望まれる企業である。ここでいう「新しい公」とは、「行為、空間などが、公平に、公正に、公明に開かれていること」を意味し、「多様な公、多層な公」として構成されるものであり、「柔軟性、やわらかさ、意欲、横のつながりを持つ」ことが特徴であるという。(11)

この考えに基づいて、島谷・山下らと共に、五ヶ瀬町での自然エネルギー社会企業の基本的な考え方を絵にしたものが図3―2である。小集落単位で行う小水力発電への社会的投資をいかにして集めるか。住民や町が出資するだけでなく、市民債権や市民出資の手法を用いて、「自然エネルギーファンド協同組合」のような仕組みと連携し、広く都市住民や五ヶ瀬町出身者からも資金を調達する。それに対する配当としては小水力発電所から得られる金銭ではなく、地域農産物を充てる。椎茸、コメ、茶、花卉、パプリカ、山菜など、各個別生産農家の取り組みをつなぎ、「五ヶ瀬ブランド」を形成する。五ヶ瀬町への関心を呼び起こし、I／Uターンへのきっかけづくりを行う。都市にも五ヶ瀬ファンクラブをつくる。

　自然エネルギー社会企業は、志のある出資を受けて、小水力発電施設の設置と管理、建設資金の調達、地域との合意形成、地域への収益の還元を行う、地域住民が主体となった運営体である。収益の還元は、地域課題解決につながるように、助産施設の設置、乗合電気タクシー、結婚式場、温浴ができる福祉施設の設置などの社会的な地域投資を行う。地域の雇用を確保し、資金を蓄積し地域の問題を、未来志向で可決するための活動を行う[12]。2013年1月、五ヶ瀬町役場を早期退職していた石井勇は、甲斐《かい》春喜《はるき》（五ヶ瀬町議会議員）と共に、「五ヶ瀬自然エネルギー研究所」を立ち上げた。

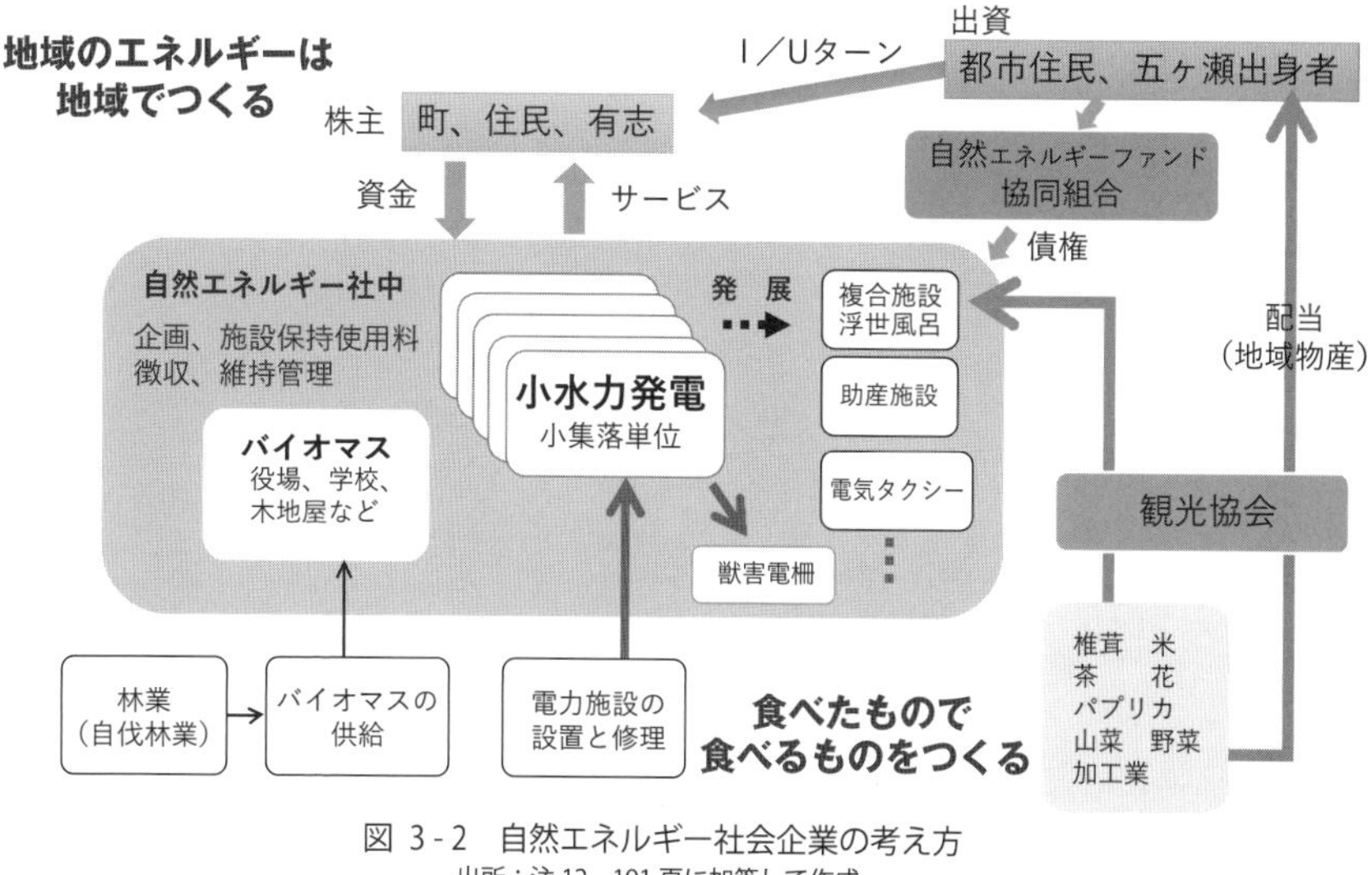

図 3-2　自然エネルギー社会企業の考え方
出所：注 12、191 頁に加筆して作成

思考の深化のために

本章では、「よい問い」について考えてきた。足で見つけ、頭で考える。宮崎県五ヶ瀬町と中国山地でのフィールドワークから立ち上がった経験的な問いは、地域小水力と自然エネルギー社会企業（地域主体の形成）という、一つの具体的な像を結んだ。言葉で説明し、スケッチする。これをもってまた住民と言葉を交わし、イメージを共有していく。くり返し言葉を交わし、イメージを更新する。問いを地域になじませ、共に探究できるかたちをつくっていく。

問いが共有されたとたん、まちづくりは自然とスタートする。掛け声は必要ない。できるところから、できるひとがはじめていく。言葉とイメージがまちづくりを動かしていく。やがて取り組みや人が重なり合い、強さが生み出されていく。

いつの間にか地域では、生まれることができず、豊かに老い、死んでいくことができなくなっていた。生まれてから、豊かに生き、老い、そして死んでいく。人の一生が地域内で分断されてしまうことが、現在の過疎地域問題の根源なのだとわたしは思う。

いかにして、その地域に生きるという生命観と死生観をつくり直せるだろうか。この土地で生まれ、生きて、その生を終えられるように、受け止められるように。五ヶ瀬町では、小水力発電の導入という一つの具体的なプロジェクトを核に、コモンズ形成の経験が積み重なることで世界観が再構成されている。その主体となる住民のチームと基本コンセプトが形成された。

こうした探究は、つねに、その土地に暮らす住民が主体となった日常の暮らしの内にある。経験が言葉となり、その言葉をもってまた経験し、意味するものが絶えず深められていく。経験に根ざした言葉に導かれた毎日の暮らしが積み重ねられ、更新し、スケッチが一つひとつ現実化し、やがて想像を追い越し、生き生きとした人々が暮らす地域のイメージが定着していく。果たして、まちづくりの文化が、その土地と人々のあいだに根付いていくのである。次章ではその具体的なプロセスを分析していこう。

注

（1）野矢茂樹、2017年『大人のための国語ゼミ』山川出版社：210頁
（2）野矢茂樹、2017年前掲：211〜219頁
（3）山下輝和・藤本穣彦・石井勇・島谷幸宏、2012年「小水力エネルギーを起点とした地域住民の主体生成過程に関する一考察」『河川技術論文集』第18号：565〜568頁
（4）Ayaka Yasunaga, Tokihiko Fujimoto, Yukihiro Shimatani, 2012, Small Scale Hydropower Generation toward Community Development: A Case Study of Japanese Rural Area, *Proceedings of the 4th International Conference on Applied Energy*：pp.302〜308
（5）小林久・戸川裕昭・堀尾正靭監修、（独）科学技術振興機構社会技術研究開発センター編、2010年『小水力発電を地域の力で』公人の友社
（6）全国小水力利用促進協議会編、2012年『小水力発電がわかる本』オーム社
（7）世界的な基準での定義があるわけではなく、各国の政策・制度や団体によって異なる。詳しくは、次の文献を参照。Tokihiko Fujimoto, 2020, Japan, *World Small Hydropower Development Report 2019 Asia – Oceania*, United Nations Industrial Development Organization（UNIDO）and International Center on Small Hydro Power（ICSHP）:pp. 51-59
（8）中瀬哲史、2005年『日本電気事業経営史——9電力体制の時代』日本経済評論社

（9）藤本穣彦・皆田潔・島谷幸宏、２０１２年「中国地方の小水力エネルギー利用に観る自然エネルギーに基づく地域づくりの思想」『島根県中山間地域研究センター研究報告』第8号：31〜38頁

（10）この点について、研究する事例（Case）に即した問いの探究を積み上げている。例えば以下の宮崎県日之影町大人《おおひと》用水組合と福岡県糸島市白糸行政区の事例研究を参照のこと。Zafar Alam, Yoshinobu Watanabe, Shazia Hanif, Tatsuro Sato, Tokihiko Fujimoto, 2021, Community-Based Business on Small Hydropower (SHP) in Rural Japan: A Case Study on a Community Owned SHP Model of Ohito Agri-cultural Cooperative, *Energies*, vol.14(11) No. 3349 (pp.1-14). 及び、Zafar Alam, Yoshinobu Watanabe, Shazia Hanif, Tatsuro Sato, Tokihiko Fujimoto, 2021, Social Enterprise in Small Hydropower (SHP) Owned by a Limited Liability Partnership (LLP) between a Food Cooperative and a Social Venture Company; a Case Study of the 20 kW Shiraito (Step3) SHP in Itoshima City, Fukuoka (Japan), *Energies*, vol.14(20) No. 6727 (pp.1-11)

（11）島谷幸宏、２００８年「新しい公の創出」岡田真美子編『地域再生とネットワーク——ツールとしての地域通貨と協働の空間づくり』昭和堂：１７８〜１８２頁

（12）島谷幸宏・山下輝和・藤本穣彦、２０１３年「中山間地域における小水力発電による地域再生の可能性——宮崎県五ヶ瀬町の事例から」室田武・倉阪秀史・小林久・島谷幸宏・山下輝和・藤本穣彦・三浦秀一・諸富徹『コミュニティ・エネルギー』農文協：１７７〜１９９頁

第4章 対話

言葉の力で意味の流れをつくる

本章の舞台　宮崎県五ヶ瀬町

本章のテーマは、対話である。本章の舞台は、引き続き宮崎県五ヶ瀬町である。五ヶ瀬町の鞍岡《くらおか》地区で、2018年度〜2020年度にかけて未来会議が開催された。わたしは農業部会のアドバイザーとして、農業の未来について、農家や主婦、地方自治体職員、JA職員らと対話した。五ヶ瀬町の農業、これからどうなる? どうする? といった大きな問いが提出され、それぞれの暮らしや仕事から、言葉が重ねられていった。対話のなかで、大きな意味の流れをつくり出したのは、産直市場を運営する参加者からのひと言であった。経験に根ざした言葉の力が対話の方向性を決めた。

対話とまちづくりはどのように関係しているのか。まちづくりにおける対話では、ただ対話するのではなく、経験に根ざした言葉で対話することが重要だ。問いを共有しながら暮らすということは、よりよい暮らし方を求めて共に変わりたいという意志表示であるからである。

未来会議の単位はどのように形成されたのか。未来会議では、誰がどのように対話の場をファシリテーションしていたのか。まちの未来を語る言葉はどのように生まれたのか。地域の未来について対話するとはどのような営みなのだろうか。

1 対話する力を磨く

なぜ対話が必要なのか

物理学者のデヴィッド・ボームによれば、対話とは、新しいものを共に創造することだという。(1) 同じ土地に暮らす、かけがえのない一人として出会うこと。社会的な地位や属性、権威や管理をこえて、一人の人間として出会い、向かい合って声を合わせる対等な関係性においてのみ、対話は成立する。対話が成立するのは、偏見をもち込まず、相手に影響を与えようとすることもなく、互いの言葉に自由に耳を傾けられる場合に限られる。

ある共通の問いに導かれて、徹底的に探究すること。探求的な対話の継続によって、言葉はその意味内容を深め、その深められた言葉によって、わたしたちは新たな経験をすることができる。経験が、また新たな問いを生み、言葉の意味を吟味して対話が促されていく。ボームは対話を、問いを共有した人々の間で行われる「探求的対話」と捉える。

ボームは、対話の語源をふまえながら、対話が生みだす「意味の流れ」のイメージを喚起する。(2)

「ダイアローグ（dialogue）はギリシャ語の「dialogos」という言葉から生まれた。「logos」とは、「言葉」という意味であり、ここでは「言葉の意味」と考えてもいいだろう。「dia」は「〜を通して」という意味である――「2つ」という意味ではない。対話は2人の間でだけでなく、何人の間でも可能なものなのだ。対話の精神が存在すれば、一人でも自分自身と対話できる。この語源から、人々の間を通って流れている「意味の流れ」という映像やイメージが生まれてくる。これは、グループ全体に一種の意味の流れが生じ、そこから何か新たな理解が現れてくる可能性を伝えている。この新たな理解は、そもそも出発点には存在しなかったものかもしれない。それは創造的なものである。このように何かの意味を共有することは、「接着剤」や「セメント」のように、人々や社会を互いにくっつける役目を果たしている。

対話の場では、言葉のあいだで、あるいは言葉を通して探究が進められる。わたしたちは、言葉に注意を払うことで思考のプロセスを追うことができる。ここで対話を導くのは問いであり、それを共有していることである。言葉を通した探究は、問いに導かれて進む。これまで何度も聞いてきたと思っていた言葉を、問いに照らして吟味することで、はじめて、わたしは本当には理解していなかったのではないかと気がつく。あたりまえのように感じていた土地の風景や営みを新しく捉え直すきっかけになる。

言葉が深化することで、経験の意味内容が変わる。暮らしのなかで、一人ひとりのあり方が変えられていく。共通の問いはその基盤になる。世界観を共有する地理的まとまりとしての地域のなかで、対話を興すことのねらいは、「全体的な思考プロセスに入り込んで、集団としての思考プロセスを変えること」[3]にある。対話のなかで、人々はつねに出会いなおし、言葉を新たにすることで、経験が捉え返される。対話の継続は、世界観や価値観を更新していく。少しずつ、地域の未来を創る力が高められていく。

対話はむずかしい？

ボームによれば、人は自分の意見とそれを支える想定（前提）を守ろうとするから対話がむずかしくなるという[4]。人はさまざまな経験を積んでいく。言葉はその経験に基づいて発せられる。自分の発した言葉が批判され、矛盾を指摘されると人は傷つく。自分の意見を支える想定は、ときに暗黙のうちに身につけていることもあり、「どうしてそう判断できるのですか?」と指摘されれば、直ちに自分の矛盾と向き合うことになる。それは、恐い。だから、耳をふさぎ、声を荒げ、相手をさえぎる。

こうした気持ちになったとき、「あなたの意見を目の前に掲げて、それを（自他共に）よく見ること」が重要であるとして、ボームは次のようにいう[5]。

> 対話の目的は、物事の分析ではなく、議論に勝つことでも意見を交換することでもない。いわば、あなたの意見を目の前に掲げて、それを見ることなのである――さまざまな人の意見に耳を傾け、それを掲げて、どんな意味なのかよく見ることだ。自分たちの意見の意味がすべてわかれば、完全な同意には達しなくても、共通の内容を分かち合うようになる。ある意見が、実際にはさほど重要でないとわかるかもしれない――どれもこれも想定なのである。

大切なことは、自分の意見を支える暗黙の想定に注意を払い、また相手にもその注意を向けることである。どうしてそう判断できるのか。なぜそういえるのか。飛躍があるのではないか。独断に基づいた言葉でないか。納得できるまで、丁寧に根拠を問うのである。

保留する

では、自他の想定に注意を払うとはどういうことか。いかにして、暗黙の想定に気づくことができるか。ボームは感情と行動を保留（suspension）することを提案する。[6]

想定や反応がどんなものかを、ただ見るだけにしよう——自分の想定や反応だけでなく、他人のものも同様に観察する。他人の意見を変えようとしてはいけない。集まりが終わったあとで意見を変える人もいれば、変えない人もいるだろう。これこそ、私（ボーム）が対話と考えるものの一部である——つまり、一人ひとりが何を考えているかを、いかなる結論も下さずに、人に理解させるということだ。想定は必ず発生する。自分を怒らせるような想定を誰かから聞いた場合、あなたの自然な反応は、腹を立てるか興奮するか、またはもっと違った反撃をすることだろう。しかし、そうした行動を保留状態にすると考えてみよう。あなたは自分でも知らなかった想定に気づくかもしれない。逆の想定を示されたからこそ、自分にそうしたものがあったとわかったのだ。他にも想定があれば、明らかにしてかまわない。だが、どれも保留しておいてじっくりと観察し、どんな意味があるかを考えよう。

自分の意見や想定を守ろうとしない。相手の意見や想定を変えようともしない。心がざわついたときは、気持ちも判断も保留状態にして、ただ見るだけにする。「対話しているときの思考と、体が表す喜怒哀楽、そして情動との関連性に気づくこと」[7]に注意を払う。こうした態度は、対話のための共通の土台となる。やがて互いの意見や想定を共有し、信頼の共同体を形成することができるようになる。

待つ、受け止める、続ける

「大切なのは、永遠に存続する不変の対話グループを築くことではなく、変化を生み出せるまで続くグループを作ることである(8)」。対話の継続についての見通しを、ボームはこのように語る。「自分たちの衝動や想定をすべて目の前に掲げ、よく見ることができるなら、誰の意識も同じ状態になるだろう。その結果、多くの人が得たいと望むもの——共通意識——を築くことになる(9)」、これがボームの対話の到達点である。

我々は、抱いている意識を、嘘偽りなく分かち合わねばならない。他人に意識を押しつけるだけではだめだ。もし困難をともにして、相反するさまざまな想定を共有し、共通の怒りなども分かち合って、そのままの状態でいるならば——つまり、誰もがともに怒り、その状態を一緒に考えるなら、共通意識を持つことになるだろう。

こうした共通意識が生まれるには、待つこと、つらくても対話を続けることが肝要だ。対話を継続していれば、根深い想定が表出してくることもある。自分のことなら感情や言葉を保留することができても、子どものこと、親のこと、自分が大切にしている何かを批判されたときには、突如として自分を抑えられなくなるかもしれない。世界観を共有し、地域で共に暮らすといっても、一人ひとりが抱える不安や心配は異なる。だれひとりとして同じ苦悩を抱えている人はいない。対話では、こうした個人の抱える課題や苦悩が言葉となり、それによって差異を意識することができる。一人ひとりの「生（生命、生活、人生、生業）」をそのものとして共に受け止める。そのためには、待つことが大切だ。

2　まちの未来を語る言葉を重ねる、未来会議が始まった

未来会議の誕生

次に五ヶ瀬町鞍岡地区で、2018年度〜2020年度にかけて行われた「鞍岡未来会議」（鞍岡未来づくり協議会）について分析する。「鞍岡未来会議」は、農林水産省農山漁村振興交付金の助成を受け、五ヶ瀬自然エネルギー研究所を事務局に開催されたものである。地方自治体の下部構造である地区単位で、将来計画を策定するという事業であった。鞍岡未来会議は、農業・ケア・美しい空間・学びと情報発信の4部会から成る。それぞれの部会テーマに即した活動を行うと共に、地区の未来ビジョンや活動計画を取りまとめるための全体対話が2か月に1回のペースで開催された。

鞍岡未来会議は、所属や日頃の仕事、家族内での役割といった地縁・血縁から離れて、地域の未来を考える個人としてだれもが参加できる、入会／退会の手続きもない対話の場である。地域内の人々が改めて顔を合わせ、個人の抱えている課題や地域の課題だと感じているものを言葉にし、これからどのようにすればよいだろうかと対話する。答えを出す場ではない。

4つの部会（テーマ）は、未来会議を構成する主軸である。それぞれの部会での当初目標は、以下のようなものであった。農業部会では、余った野菜をもちよって惣菜にしてフードロスを出さないこと、農産物の販路を拡大すること、五ヶ瀬の農業について本音で語りあえる場をつくること。ケア部会では、ケアの拠点をつくり、出前ケアを行うこと。交流の拠点として共同の浴場をつくれないか、気軽に立ち寄れて、困りごとをもち込めて、役割を拾うことのできる場がほしいよね、という声もあった。美しい空間部会では、

星や雪、田んぼなどの美しい景観を活かすこと。国道の杉を切り、ビューポイントをつくること。手の届くところから、庭や道、家をきれいにすること。学びと情報発信部会では、Facebook や Instagram を立ち上げ、未来会議で取り組むことをとにかく発信すること[10]。

鞍岡大好き女子会

未来会議の主たる担い手は、「鞍岡大好き女子会」（以下、女子会）である。女子会は、「自分たちでできることをやっていきたいねぇ」と結成された。鞍岡大好き女子会のグループＬＩＮＥには60名が入っている（男子禁制）。鞍岡大好き女子会は、毎月20日に集まり、各回には10～15名が集まる。毎月の集まりで話したことは、グループＬＩＮＥで共有される。何かイベントがあるときや、集まりを呼びかけたいときにもグループＬＩＮＥにメッセージが送られる。関心があればリアクションし、なければスルーできる。災害や防災、防犯のためにつながっておくことが大事という考えである。

鞍岡未来会議の企画・運営と、全体対話のファシリテーションは女子会メンバーが分担して担った。「でも、無理をしない。自分たちが楽しくないと。できる人が、できることを、できるときにやる、が合言葉。いいと思ったら口にして共感してとにかくやってみるというのが女子会の基本的なスタンス」。女子会のメンバーの一人、渡辺ユミはこのように語る。

未来会議の単位

わたしたちは、「１００人ヒアリング」（第３章）を行いながら、地域のまとまりやネットワークをみていたところ、町内は四つのまとまりから成っていることに気がついた。[11] 五ヶ瀬町は、熊本県と宮崎県の県境にまたがり、鞍岡地区から他の地区への移動は、熊本県を通り五ヶ瀬町に入り直すルートが一般的である。鞍岡地区内では、県境をまたいで熊本県側の中学校へ進学する校区が設定されているエリアもあり、その地区の子どもは高校も熊本県側を選択することが多い。

今は地方自治体として一つになっていても、生活やネットワークといった地域的なまとまりは、異なっていることがある。そのことに配慮して「鞍岡」という地区単位を設定したことで、生活のなかでの困りごとや、1人で心配していること、やってみたいことを率直に言葉にする機会が生まれた。はじめから、五ヶ瀬町という地方自治体の単位で対話していたのであれば、従来通り、声の大きな人や、これまでと変わらない主役が、これまでと変わらない言葉を発していたに違いない。

また、未来会議をコーディネートした五ヶ瀬自然エネルギー研究所の石井勇は、五ヶ瀬町内の地区単位ごとの競争意識にも気を配っていた。他地区の人々も、何をしているのか必ず見ている。未来会議や部会活動はオープンにしていたので、鞍岡地域以外の人が参加してもよい。情報発信を積極的に行っているので、関心のあるイベントや活動には、個人でアクセスできる。

「○○○をやりましょう」と提案してもダメで、やってみたいことを、やってみたい人が、やってみたいように始めるのを待つというのが石井の考えである。その際、石井がかける言葉は二つ。「仲間をつくってはじめてね」、「やったことは未来会議で話してね」。それを見ていた人が仲間になることもあれば、「うちのほうがうまくできる！」と、同じテーマでまた別の活動をはじめる人もいる。自由にすればいい。こうした競争意識も未来会議が活性化するためには重要なことであった。

まとまりは自然と

部会単位の活動が活性化し、他地区や近隣の他地域に話題が拡がるようになると、自然とまとまりが生まれる。未来会議で対話を重ねるなかで、住民の間に「共通意識」が醸成されてきたのだろうか。未来会議の場で、「自分のところだけやっていても意味がない」、「仲間がほしい」、「自分のところだけが良ければいいという考えが成り立たないのが農村の暮らし」という言葉が聞かれるようになった。こうした言葉が、未来会議に参加する人々のまとまりを強くしていった。

未来会議では、先輩と後輩の関係やよそ者にはわからない貸し借りも表出する。活動が自然にはじまるようになると、こうしたネットワークがたぐり寄せられていた。「○○さんを説得しなければ進まない。でも自分にはできない」。よくある場面だ。そのときに、「○○さんを説得できるのはだれだろう」、「むかし××さんに助けてもらったはず。頼んでみよう」と声が挙がる。こういったプライベートの関係性の拡大と組み換えも未来会議で行われるようになっていった。

未来会議では、鞍岡大好き女子会のメンバーが、参加者の性別や年齢、日ごろの関係に気兼ねなく、明るく話しやすい雰囲気をつくっていた。対話では、30年先の鞍岡地区の姿を想像し、今できることを言葉にしていた。同じ地域に暮らす人々が、どんな心配や不安をもっているのか、どんなことをやってみたいと考えているのか、お互いに言葉にし、聴きあった。言葉にされた不安、心配、期待、希望は、活動計画となり、いくつかの活動を実際にスタートさせることになった。

3　農業の未来についての対話と小さな経済づくり

産直市場の構想

未来会議で行われた農業の未来をめぐる対話を紹介するためには、NPO法人ごかせ観光協会の飯干《いいぼし》啓司《けいじ》が、2013年10月にスタートさせた特産センターごかせの産直市場について、述べておく必要がある。「農家の応援を、農業の振興をずっとしたかったんですよ」、と飯干はいう。農家を応援する仕組みを考えていた飯干が注目したのが、長野県伊那市にある産直市場グリーンファームであった。[12]

グリーンファームは、小林史麿《ふみまろ》を代表とする株式会社ではあるが、運営は「生産者の会」を中心に行う協同組合方式を採用している。1994年に60戸でスタートし、2011年度には、登録生産者数2150人、年間来店者数58万人、年間販売額10億円の産直市場に成長した。小林は、「人件費のかかる経営」を理念に、地元雇用の創出に取り組んできた。手数料から成る収入のほとんどは人件費で占められている。グリーンファームでは「何でも商品化する」、「意外なものが、意外と売れる」をコンセプトに、出荷者が持ち込むものは基本的になんでも受け入れ販売される。「使い道は買う人が考えればいい」。そうしてもち込まれた商品数は1万種類を超えるという。[13]

社会教育学者の大高研道《おおたかけんどう》は、小林史麿との対話のなかで、グリーンファームが創出している価値を以下の5点にまとめている。[14]（1）主体的に行動する生産者と共に歩もう。先に述べたように、「使い道は買う人が考えればいい」、「意外なものが、意外と売れる」という方針のもと、生産者は何を出すか、いくらで売るか、すべて自己決定できるようになる。こうした自己裁量範囲の拡大が第一の特徴である。（2）生産者も消費者である。生産者の「暮らしを総合的に受け止める」ことで、小林は、「もっとも安定した消費者は生産者である」と気がついた。生産者が出荷を終えるや、消費者となって購入していく。（3）一週間ごとの現金精算による労働の成果を実感できる仕組みづくり。（4）生産者の地域を限定しない。生産地域間の交流も積極的に行い、モノを通した人の交流が促進されている。（5）規則でしばらない。だれが考えてもまずいことは規約にかかない。悪いことをしている。抜けがけをしていると感じている人は後ろめたくなって自然に来なくなるのだから。

飯干のつくった産直市場

五ヶ瀬町からグリーンファームへ視察団を派遣したり、小林が五ヶ瀬へ講演に通うなどして、相互学習が重ねられた[15]。飯干は、五ヶ瀬で、小林のグリーンファームの理念と方法を忠実に再現していく。

飯干がはじめた産直市場の合言葉は、「もったいないを笑顔に！」。これまで売り場に出なかった野菜がならぶようになった。出荷するほどの量をつくっていない家庭菜園からも野菜が出てくるようになった。山の幸や手づくりの加工品、民芸品、茶といったさまざまなものが飯干の産直市場にもち込まれるようになった。飯干の産直市場では、生産者が自由に値段をつけ、それが売れていく。飯干は次々と産直市場のコンセプトを言葉にしていった。「地域雇用の創出と農家所得向上、それは高齢者の年金＋αの収入と生きがいづくり、仕事づくり。直売所が元気に、農家が元気に、農業が元気に、地域が元気に、山は宝」。「この直売所は農家の気持ちを大切にしており、いつでも、だれでも、どんなものでも、生産者の言い値で売ることができます」、と飯干はいう。

図4―1は、五ヶ瀬町内の出荷者の分布である。町内すべての地区に出荷者がいる。図4―2は、生産地間連携を示したものである。熊本から五ヶ瀬を通り、延岡へ抜ける古くからの街道沿いに、生産者の分布が見てとれる。2020年度の出荷者は町内313件、町外114件、取り扱い品目数は622品目であった[16]。

飯干の産直市場でもまたグリーンファームと同様に、生産者が荷を下ろし、値札をつけたあとに、消費者となって商品を購入する姿がみられる。トマトを売りに来た人が、「うちには白菜がなかった！」といって買って帰る。トマトを売りに来たけど、「こっちのトマトの方がおいしそう！」といって他の人がつくったトマトを買って帰る。そうして、他の人がつくったトマトを食べ、自分がつくったものよりもおいしかったら、なぜだろうと考える。つくり方を工夫する。あるいは、自分のトマトを、他よりも少し安い値段で売ってみる。生産者が自由に工夫し、遊ぶ姿がみられるようになった。飯干はそうした様子をにこにこして見守っている。

飯干はいう。「この直売所には生産者と消費者という区分はありません。この地域でつくっている人の野菜を、地域のみんなで食べる、支えるというのがこの直売所の基本的な流れです」、と。

地域の雇用をつくる

飯干のつくった産直市場は、NPO法人ごかせ観光協会が運営する特産センターごかせの軒先にあり、レジを打ったり、売り場をつくったりするのは観光協会の職員が行っている。地域の農家を支えると共に、地域の雇用をつくることが飯干の目的である。

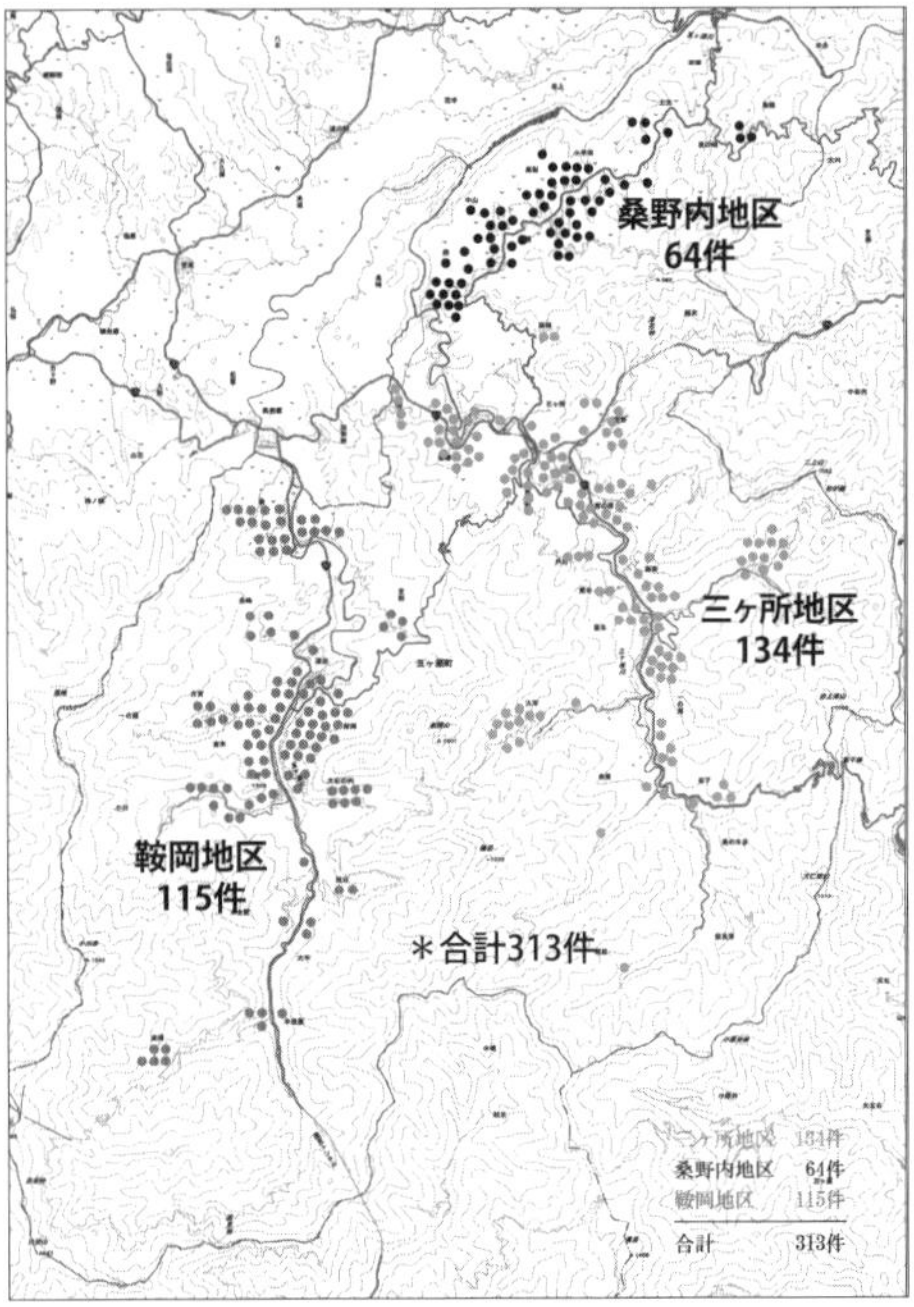

図 4-1　2020 年度の五ヶ瀬町内出荷者の分布
出所：五ヶ瀬自然エネルギー研究所作成

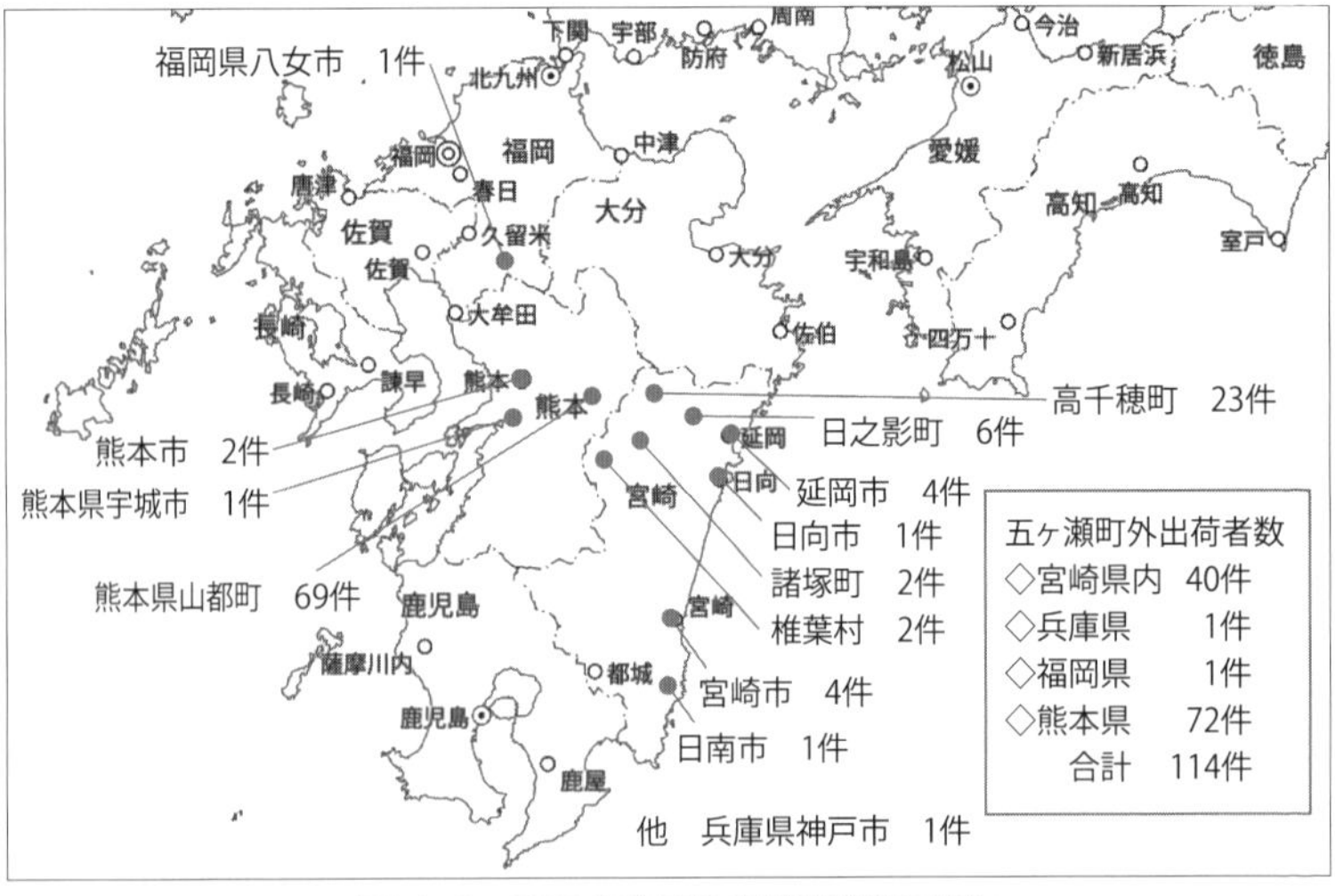

図 4-2　2020 年度の生産地間連携の分布
出所：五ヶ瀬自然エネルギー研究所作成

2020年度の野菜部門の売り上げは、6364万円であった。コロナ禍にもかかわらず、2019年度比で1300万円のプラスであった。特産センターごかせ全体の売り上げは、食堂部門、売店部門と合わせて、1億1602万円（2019年度比で約1000万円のプラス）であった[16]。

産直市場ができたことで、観光協会の職員の意識が変わってきたと飯干はいう。

売店でも、食堂でも、売っている側のスタッフの意識がこれまでと変わってきたことを一番感じますね。挨拶とかみていても、お客さんへの声かけをみていても、自信があるというか、意欲が変わってきたことを感じるようになりましたね。やっぱりあれじゃないですか。地元の人たちがつくる野菜じゃないですか。手づくりのもの。それがどんどん売れていく。持ってきた人たちが笑顔になる。喜んでもらえる。それが嬉しいんじゃないですか。これまでは工場なんかでつくられた宮崎県全体のお土産ものをただレジ打ちしていただけ。直売所に出されるものは、それとはやっぱり違いますもんね。

地域の農業を支えるのはだれか

飯干の産直市場の取り組みは、未来会議の農業部会のなかでも大きな意味をもった。2018年10月19日に開催された「農業本音《ぶっちゃけ》トーク」は、一つのハイライトである。この日は、町内の農家や役場、JA職員が参加していた。それまで未来会議の農業部会に集まった農家は、農政への不満と後継者不在による不安を語っていた。どちらも重要な問題ではあるが、今自力で解決できる問題ではなかった。次に多い相談は「うちのパプリカとトマトを東京で売ってくれ」、「野菜をブランド化して付加価値をつけて売りたい」というもの。これもできたらすでにやっているはずである。対話は停滞していた。

この日の農業部会でわたしは、「もう本音で話しましょう」と提案した。「五ヶ瀬の農業、これからどうなる？　どうする？」という問いを共有して、対話がはじまった。そのなかで、飯干の発言が対話に新しい意味の流れをもたらした。(17)

飯干：皆さんが作ってくれた野菜なら、僕たちが責任をもって売ります。僕たちにとっては、皆さんが作っているということが安心なんです。嬉しいんです。だからしっかり売れるし、売れたら嬉しい。安心して食べることができるものだから自信をもって売れる。直売所に出してください。

農家：農政はころころ変わる。農家が自分で生き残るには、農政に頼らず自分たちでやろう。

飯干の言葉をうけて、「行政やＪＡにばかり頼らず、文句をいわず、自分たちでやろう！」という心強い声が挙がった。「出荷できなくて捨てている農作物が畑にある」。「大きい家庭菜園はどこの家にもあるよね。回ってみようか」。「農家のつながりを活かして、余った野菜を惣菜にしたいね」。「甘酒をつくって売ってみたいね」。「作物の苗って買ってくることが多いけど、苗を育てて売ることもしてみたい」。「ＣＳＡ（Community Supported Agriculture）農場というのをこないだの未来会議で勉強したけど、五ヶ瀬でやるならどういうふうにできるかな」。以降、こうした対話が重ねられていった。

最終的には、「誰も排除しない農業、周囲を巻き込んでいく農業とはどんな地域農業だろうか」という問いがトマト農家から出された。これに対して、「みんなができる農業って意外にかんたんなんじゃない。農業って精神的にはとても楽。大変だとはぜんぜん思っていない。直売所があればみんなが出せるから、みんな農家になれる」、「農家所得の向上は、地域所得の向上だもんね」という2つの言葉が現われた。参加していた一人ひとりが、この言葉をどのように受け止め、持ちかえったのかは聞いていない。答えを出す、考えを合わせることが対話の目的ではない。それぞれが、一人ひとり、得た言葉を自分のうちに照らして行動に移していけばいい。

農家の気持ち

農業部会の対話で、農家は不安で、傷ついていることがわかった。たとえば、これまで、JAに野菜を売るにしても、スーパーのバイヤーに出荷するにしても、我が子のように丁寧に育ててきた野菜に「秀」や「優」などの等級が付けられ、見かけが悪いものや傷がついたものは、捨てられていた。農家にとって自分の手で育てた野菜が等級付けされ、廃棄されるというのはとても悲しいことだということが言葉にされた。これに対して飯干の言葉は、農家に勇気を与え、安心をもたらした。

飯干の産直市場は、だれのものでも、どんなものでも取り扱う。農場や家庭で農作物をつくる人にとって、これはとても嬉しいことである。しかも、この土地で手づくりしていることを、飯干は応援してくれるという。飯干がきちんと売ってくれる。自分たちのつくったものを大事に届けてくれる。今まで、不安だった思いや、自分がつくったものが廃棄される悲しみは、直売所ができたことでなくなり、野菜をつくることへの安心感と前向きな気持ちが生まれたのではないだろうか。この安心感から、最初は農政に文句をいっていた人も、個人だけが儲かろうという考えを持った人も、次第に考えが変わっていったように思う。自分たちでやろうという思いや、各農家のつながりを活かした活動をするといった考えが生まれてきた。

五ヶ瀬町では、自身のことを農家と名乗る人が増えた。自分のやっていることに、自信をつけたということだ。「いいことですよ。うちの直売所に出荷してくれた人はみんな農家です。全国で農家が減っているという話ばかりでしょう。五ヶ瀬では農家が３００件ほど増えましたもんね。じっさい、直売所に出てくる品目も量も増えているし、すごいことですよ」、と飯干はいう。

このときの未来会議を引き受けてのことかどうかは確認していないが、会議に参加していた一人のトマト農家が町議会議員に立候補し、当選した。「対話できる地域をつくりたい」、選挙の遊説でそう訴えていた。渡邊孝《たかし》は、現在も立派に2期目を務めている。

思考の深化のために

その土地に暮らしている人々が、「こういう地域をつくりたい」、「こういう地域であってほしい」という願いを言葉にすることで、そのまちの自然なかたちが現われてくる。その土地に暮らす人々が、どういう生き方をしているのか。どういう風景のあり方を願うのか。その願いは、いかにしてその土地の自然や環境になじむのか。

では、何が未来会議における対話の判断基準になるのか。思考の深化を促すために、まちづくり思考の探究的対話を支える「理想」について考えておきたい。

哲学者の納富信留によれば、「「理想」という日本語は、明治初期に啓蒙思想家の西周（1829〜1897）が「理」と「想」を組み合わせて造り出した新語で、その後、日本から中国や韓国に広まって定着した言葉」であるという(18)。

哲学的に、「理想」とは、人間の行為を導くものであり、人間が希求し実現すべき範型である。納富は、「「理を想い」ながらイデア（唯一の本質で絶対的な真、真に善いもの、真に美であるところのもの）へ向けて人生を形づくること、それが哲学であるはず」として、次のように、「理想」を語る(19)。

理想は私たちの生き方を変えます。それは、私たちが理想を「美しい」と思い、美そのものに恋いこがれるように理想に憧れ、それを求めて生きているからです。人間が理性を持つ存在であり、叡智においてイデアと関わりうる存在であるとしたら、言葉で「理想」を創り出しながら、それらの提案を言葉で厳しく吟味し、共により善い生き方を構築していくことが人間の使命であると、私（納富）は信じています。

「言葉で「理想」を創り出し、言葉で吟味し、共によりよい生き方を構築する」こと、これは、対話の基本姿勢である。人はみな、生まれて、豊かに生き、ときに旅をしては地域をはなれ、やがて老い、死んでいく。多少の出入りや交流がありつつも、人間の一生が完結する一つの地理的範囲が、「地域（世界観、死生観を共有する）」であるならば、その地域のなかで、一生を完結できなくなったことが問題の根本である。安心してお産をする場所がない。結婚式を挙げる魅力的な場所がない。地域の豊かな食を味わうレストランがない。独りでお風呂に入るのが不安だ。どう老い、どう死んでいけばよいか、わからない。五ヶ瀬町では、そんな声が挙がっていた。これらの声と向き合い、人間の一生が豊かに完結する「地域」をつくること。それがまちづくりの「理想」だと思う。対話において、「理想」を語る言葉が表れ、探究的な問いが立てられるようになったら、深層へと向かう意味の流れを感じてよい。

古代ギリシアの哲学者プラトンは、「国家（理想国）」のあり方に照らして、「一人ひとりが自由人として理性を働かせてともに議論しながら最善を目指して共に生きる」という「市民（ポリーテース）」のあり方を示したという。[20] これにならえば、地域の未来──すなわち「理想」──に照らして、一人ひとりが最善を尽くして共に生きる、その仕方を手に入れることが対話の真の目的といえるだろう。

注

（1）デヴィッド・ボーム、金井真弓訳、1996年＝2007年『ダイアローグ──対立から共生へ、議論から対話へ』英治出版：38頁
（2）デヴィッド・ボーム、1996年＝2007年前掲：44〜45頁
（3）デヴィッド・ボーム、1996年＝2007年前掲：49頁
（4）デヴィッド・ボーム、1996年＝2007年前掲：49〜59頁、及び75〜78頁
（5）デヴィッド・ボーム、1996年＝2007年前掲：79頁
（6）デヴィッド・ボーム、1996年＝2007年前掲：69〜70頁（カッコ内は筆者は加筆）
（7）デヴィッド・ボーム、1996年＝2007年前掲：69頁
（8）デヴィッド・ボーム、1996年＝2007年前掲：66頁
（9）デヴィッド・ボーム、1996年＝2007年前掲：90頁
（10）鞍岡未来づくり協議会、2021年『事業報告書──真・善・美』：3〜4頁

(11)岡田真美子・合田博子・島谷幸宏・山下輝和・藤本穣彦・石井勇・山田泰司、２０１３年「感性哲学的地域づくり「感性地元学」――五ヶ瀬Ｉ／Ｕターン研究にみる地域入りの作法と地域見分け」『日本感性工学会第8回春季大会講演論文集（CD-ROM）』：１～６頁

(12)小林史麿、２０１２年『産直市場はおもしろい――伊那・グリーンファームは地域の元気と雇用をつくる』自治体研究社

(13)大高研道、２０１４年「社会的企業のコミュニティ媒介機能――産直市場グリーンファームが生み出す創造的自由空間」、神田健策編『新自由主義下の地域・農業・農協』筑波書房：１７９～１８３頁

(14)大高研道、２０１４年前掲：１７８～１８８頁

(15)大高研道、２０１９年「地域づくりにおける住民主体の学習活動と協同の展開過程」、日本社会教育学会編『地域づくりと社会教育的価値の創造〈日本の社会教育第63集〉』東洋館出版社：１６８～１８０頁

(16)飯干啓司よりデータ提供（２０２１年７月７日）

(17)２０１８年10月19日の鞍岡未来会議農業部会での対話

(18)納富信留、２０１５年『プラトンとの哲学――対話篇をよむ』岩波新書：１６４頁

(19)納富信留、２０１５年前掲：１６８～１６９頁（カッコ内は筆者加筆）。「「理想」は「イデア」と同じではありません。イデアは、それ自体で絶対的な真の存在ですが、理想は私たちがそれを目指していく上での具体的なモデル、模範例であり、言葉や理論で表現する対象です。イデアは唯一の本質で絶対的ですが、理想は時代や社会において複数存在して構いません。「理想（アイデアル）」とはイデアの形容詞である「イデア的」という原義のとおり、イデアを言葉で具体的に表現した、目に見える姿なのです。私たちは理性に即して理想像を抱き、それを心に想い描きながら生きていきます。」（納富信留、２０１５年前掲：１６６頁）

(20)納富信留、２０１５年前掲：１７０頁

第5章 共感
再生する自然から学ぶ

本章の舞台　山梨県都留市のWORKBENCH

本章のテーマは、共感である。人が生まれ、暮らしをつくり、一生を終えるまでには、さまざまな困難がある。年齢や体力、働き方や生き方など、それぞれに事情が違う人々が同じまちで共に生きること、そのために自分を合わせていくこと。こうした仕方を「共感」と呼ぶならば、他なるものと共に生きる共感力はいかにして涵養《かんよう》されるのだろうか。また、わたしたちは、自然にも自分を合わせながら生きている。そうした自然への共感力についても考えてみたい。

これらの点についてわたしは、グラフィック・デザイナーの賀川督明《かがわとくあき》と出会い、山梨県都留市にある彼の自宅兼事務所WORKBENCHで、小水力発電を制作しながら対話した。賀川豊彦の孫でもある督明は、2012年の国際協同組合年にあって、全国を駆け回りながら「共に生きる協同の10年をつくっていこう」と呼びかけていた。彼の協同論の本質は共感にある。本章では、督明のデザイン思考を読み解き、共感のメカニズムを明らかにしたい。

その手がかりとなるのは、ケアという考え方である。オーストラリアで生まれたランドケアという自然再生運動から学んだことを補助線にして、まちづくりと共感について考えてみたい。

1　ケア的思考を磨く

本章のテーマである共感について考える前に、まずケアについて述べてみたい。気づかう、世話をする、気にかける、介助する、このようなケアと総称される営みは、他なるもの（者・物）に注意深く耳を傾けることからはじまる。他なるものを注意深く観察することで、気がかりや関心が呼び起こされ、世話や支援の具体的な仕方がみえてくる。ケアするものとケアを受けるものとのあいだに関係性が結ばれる。このようにケアという営みは、ケアするものに新たな出会いや経験をもたらす。新たな出会いと経験を通して、ケアするものは自己を更新していく。

ケア的思考とは何だろうか。哲学者の河野哲也は次のように述べる。(1)

私たちは、思考を、推論や論理の方法、演繹法や帰納法など、形式や構造の問題だと考える傾向があります。しかし実際には、私たちの感情は、深く私たちの思考を形づくり、方向づけ、それに枠組みやバランス感覚、視点を与えているのです。

たとえば、私たちは自分のこどもをどう育てようか考えます。その育児の仕方の方向性を創り出し、何をすべきかの選択やどう判断するかの視点を与えているのは、根本的にはそのこどもの成長を願う愛情であり、こどもを理解するための共感ではないでしょうか。そうした感情的基盤なしに、私たちはそのこどもの育て方について どのようなことを思いつくでしょうか。あるいは、私たちは、社会的公平とは何かについて思考します。そのときに、自分たちの社会のなかで不公平に扱われ、貧しくみじめな思いをさせられている人々への共感と、それを強いている社会に対する怒りの感情なしに、社会問題について考察する枠組みが生まれるでしょうか。

ケアは、相手を気づかい、関わり、世話をし、癒し、共に育とうとする感情と態度の表現である。ケアの的思考は、自分の感情がどのような変化を相手に与えるかを注意深く気にかけることである。相手が成長するように、変化し発展していくように、働きかけることでもある。ケア的に思考し、うまく働きかけられているかどうかを見きわめるためには、自分の行動の結果、相手がどのように変化しているかを見るとよい。

こうしたケア的思考は、「気遣いを持って自分の思考の主題を考える」[2]という態度を育てる。哲学者のミルトン・メイヤノフはいう[3]。

相手をケアすることにおいて、その成長に対して援助することにおいて、私は自己を実現する結果になるのである。作家は自分の構想をケアすることにおいて成長し、教師は学生をケアすることによって成長し、親は子供をケアすることによって成長する。言い換えれば、信頼、理解力、勇気、責任、専心、正直に潜む力を引き出して、私自身も成長するのである。私は自己の関心が他者に焦点化しているので、そのような力を自由に駆使できるのである。

ケア的思考を磨くことは、他なるものの変化や成長に応えて、自己のありようを変えていくことなのだ。

2　オーストラリアで生まれたランドケア運動

では、このケア的思考をその土地の自然や環境に向けたとき、自己と自然、環境とのあいだにどのような関係性が生まれるのか。次に、オーストラリアで生まれた「ランドケア」という運動を事例に考えてみたい。

ランドケア運動、オーストラリアで生まれる

現在の自然環境は、「すでに人の手の加えられた」ものであると考えた方がよい。科学技術や国際政治が、地域の人間と自然環境との関係の奥深くまで入り込んでいる。倫理学者のマイケル・シーゲルによると、オーストラリアでは、「そもそも、西洋人が境界を侵害して、アボリジニの土地を奪い取り、アボリジニを排除したことが、現在起きている様々な問題の根源であり、その「原罪」である。外来種と西洋的な農法を持ち込んだことも、厳守すべき境界を無視した事例である(4)」という。

シーゲルは、「西洋文明の移転先」であるオーストラリアでは「伝統的な文化が断ち切られて、別の自然環境に適して育った文化が植えつけられた」という洞察から思考をスタートする(5)。オーストラリアの歴史は、「わずか200年あまり前からしかそこに居住していない民族が、ヨーロッパで培われた常識を持って、イギリスの自然環境の中で育った言語を使って、オーストラリアの自然環境に対応しようとし、その自然環境に関して語ろうとする」なかで形成されてきた。それゆえ「オーストラリアで実施されてきた農業は、オーストラリアの特殊な状況へ適応させる努力は確かにあったとはいえ、根本的にイギリス的なものであり、イギリスで培われてきた常識に導かれたもの」であった(5)。

入植による産業的・工業的な農業（industrial agriculture）は、農作物の恵み（それはオーストラリア国内だけではなく、輸出品として世界の食糧を支えている）をもたらす一方で、土壌の劣化、風食、砂漠化の進展、外来種問題、森林火災、深刻な塩害を引き起こし、オーストラリアの大地を蝕んでいった。大地の危機に直面した農民たちは、傷ついた農地の再生を目指す行動を起こし、森、川、海岸、都市もその視野に収めた、包括的な自然再生運動を発展させていく。その運動は、「ランドケア」と名づけられた。[6]

再生する自然から学ぶ

ランドケア原則を、シーゲルは以下の5点にまとめている。[7]

(1)ランドケアは地域の自律的な有志集団（local autonomous voluntary groups）を基盤にする。ランドケアは、地域コミュニティに根ざし、地域の自然環境と調和し、地域住民のイニシアティブとコントロールに従う。ランドケアは、地域の生態系の維持や管理、また、必要に応じてその再生のために活動する。ランドケアグループは、多くの場合、第一次産業従事者（primary producers）を中心に形成される。

(2)ランドケアグループは、地域の課題（local issues）に取り組む。ランドケアグループは、例えば気候変動、生物多様性のようなグローバルな課題にも取り組むかもしれない。ただしその場合にも、地域でローカルに取り組めることに焦点をあわせることをやめない。グローバルな諸課題の政治的論争に参加することを、ランドケアグループは好まない。

（3）ランドケアグループは、環境の問題に全体論的に（holistically）取り組むことを目標にする。ランドケアグループは、例えば外来種、土壌劣化、塩害の問題を、お互いに異なって独立した仕方で取り扱うことはしない。ある問題を他の問題との関係性のうちに主題化するよう試みるのである。ある与えられた環境に特定の問題に特別な焦点をあてて取り組むときでも、その試みは、相変わらず地域の環境で表出している他の問題群と関係付ける仕方で、その特定の問題を理解しようとする。

（4）ランドケアグループは、自然再生と環境保全だけでなく、コミュニティの幸福（well-being）にも焦点をあてる。結果として、第一次産業従事者の収入の改善を目指すこともその目標に含まれる。このように考えると、ランドケアの全体論的アプローチは、その全体論的仕方において、人間社会と自然環境を共に考えていくことを示唆している。

（5）ランドケアはパートナーシップとネットワーキングによって特徴づけられる。それは異なるランドケアグループ間の連携、政府や行政との様々なレベルとの連携、様々な専門家や研究者、技術者との連携、NPO／NGOや企業との連携を意味する。

1986年にオーストラリアで生まれたランドケア運動は、実際にいくつかの自然環境を再生し、土壌を回復させていることが報告されている（もちろん将来にわたって注意深く観察していく必要がある）。オーストラリア国内に5000以上のランドケアグループが生み出され、世代を超えた活動となっている。またそのネットワークは、オーストラリア国内に閉じず、北米、ヨーロッパ、アフリカ、中南米、アジア・太平洋諸国の26か国へと国境を超えて拡大している。(8)

ランドケア運動へ参加する人々は、再生する自然から何を学んでいるのか。ランドケアに身をおく人々との対話からは、再生していく自然、その生命力の豊かさに取り巻かれた暮らしから何かを学びとっていることが伝わってくる。土地と自然をケアすることから、自らの生き方についての展望と安心を得ているようである。さまざまな自然災害や社会変動と付き合いながら、多くの危機を乗り越えた土地と自然には、その場での人間と自然環境との持続的なかかわり方とその考え方、ルール、その土地で形成されたものの見方や捉え方、つまり規矩が備わっている。

「土地と、人間、コミュニティ、社会との関係性のためのケアを、ランドケアは統合する」[9]。ケアのダイナミズムを、ケアするものとケアを受けるものとの間の相互形成性に認めれば、ランドケアとはその土地に住んでいたものではない新参者が、土地、自然、先住の人々と注意深く出会い直していくことから、自己と、土地、自然、人間の関係性を本当に創出しようという試みである。ランドケアとはどのような営みか。この問いに対して、さしあたり次のように応答することができる。ランドケアは、個人の農民ではなく地域の農民による自生的なグループを基盤として、環境問題を地域レベルで捉え、個別的に対応するのではなく全体論的なアプローチを採用して、開かれた仲間意識を育み、コミュニティの幸福のために、世代や国境を越えて、自然再生と環境保全に取り組む運動である、と。

コミュニティ主権と自然エネルギー

ランドケア原則を、地域社会のメカニズムにどのように埋め込んでいけるのか。ランドケアのアプローチから地域のガバナンスをいかに組み替えていくことができるか。ランドケアの原理的説明（rationale）から考えてみよう。[10]

本質的にランドケアは、地域の自律（autonomy）と自立（self-reliance）のためのニーズ、それらを支えるためのパートナーシップ（partnership）とネットワーキング（networking）のためのニーズ、全体論的かつ統合的なアプローチへのニーズを前提とする。（ランドケアの）基本原則は、地域レベルで、計画と制作（planning and works）における個々の住民との直接的な約束をともなって、問題と解決をめぐるコミュニティ主権（community ownership）が確立されることにある。

この説明によれば、ランドケアは、コミュニティ主権、すなわち地域の自治を確立することを基本原則とする。ランドケアのパートナーシップとネットワーキングの特徴もまた思考の手がかりとなる。ランドケアグループは、コミュニティの幸福を願う共同体であり、地域住民の生活の維持・改善と自然環境の再生・保全を一つの統合的な目標として共有している。地域住民を主体としたグループだけでは、技術や専門的知識の限界、資金の限界、活動時間の限界など、限りがある。地域レベルでの問題解決や価値創造の運動を、理念を共有した、より広範な世界ネットワークへと拡大する。ケア的思考に基いた、ランドケアのパートナーシップとネットワーキングは、地域内のさまざまな機関や人々との連携を深め、地域の共通課題に立ち向かい、コミュニティの豊かさを共に生み出す仲間を育んでいくよう進められる。[11]

では、コミュニティの結合を促すものは何か。コミュニティ主権を確立する土台になるものは何か。ここで自然エネルギーとの関係性がクローズアップされている。[12]

小規模の自然エネルギー発電は、地域の自立（local self-reliance）を促進する。自然エネルギーは、基本的に地域の共有資源（local commons）である。コミュニティがイニシアティブをもって、自然エネルギー資源を発電に利用し、マネジメントしていくとき、自然エネルギーはコミュニティの統合を促し、エネルギーの自立とより広い地域の持続性（regional sustainability）の発揮に貢献する。

ランドケアと自然エネルギーとの関係性はこのように捉えられる。

3　共感のメカニズム、賀川督明のデザイン思考

賀川督明のデザイン思考

いかにして自然エネルギーとコミュニティ主権を結びつけて思考していくか。わたしは、賀川記念館（神戸市）の館長で、グラフィック・デザイナーの賀川督明と対話した。わたしは賀川と共に、彼の暮らした山梨県都留市のWORKBENCHで小水力発電を制作した。共に制作しながら、言葉を重ねた。テーマは共感についてだった。(13)

僕（賀川）はデザインが本業です。ものづくり、デザインを考える際の「共感→定義→考察→試作→検証」のサイクル（図5―1）。このうち「試作（プロトタイプ）」は、なるべく簡単にする必要があると感じています。ここを簡単にすることでサイクル全体がぐるぐると、何回も回る。ものづくりにおいて「作る」ことは5分の1なん

だ、この割りきりがとても重要なんです。皆で考えて議論して、やってみるところは簡単に何回も、つくる、くりかえす。つくることをくりかえしながら、共感を生んで定義する。こういうことが重要なんです。

五ヶ瀬町でも都留市でもインドネシアでも、わたしたちが取り組んだ小水力発電の装置は、いつも簡単なものだった。流れている水をそのまま利用して水車を回して発電し、その場でイルミネーションを点灯させて楽しんだ。イルミネーションは手づくりで、小水力発電の装置自体も自分たちで設置できるよう工夫した（図5―2）。

水車に葉っぱが詰まると、水車は止まり、イルミネーションが消える。そうすると、「イルミネーションが光っていないけれど、どうしたんだろうか」と、これまであまりコミュニケーションのなかった住民から、その地区の自治会長に電話が入るようになった。連絡をしてくれることで、その人が気になりはじめ、おりおりにお宅を訪ねるようになった。そうすると、孤立ぎみであったその人が、地区の集まりにも顔をだすようになったという。「小水力発電をはじめたことで、住民の福祉にもつながっていきました。嬉しいおどろきでした」。佐伯成徳《さえきしげのり》（五ヶ瀬町土生《つちはえ》地区）は、小水力発電の取り組みをこのようにふりかえる。

気づきを生み出し、仲間を広げるのは、手づくりだからであろう。流れている水で遊び、電気を制作する。こうしたつくる力は、ほかにも、その土地で採れるもので即興的に料理する力、壊れたら復元する力、困った人を手助けする力（そうした力を生み出すつながり）でもある。手づくりの価値はこうして生まれてくる。

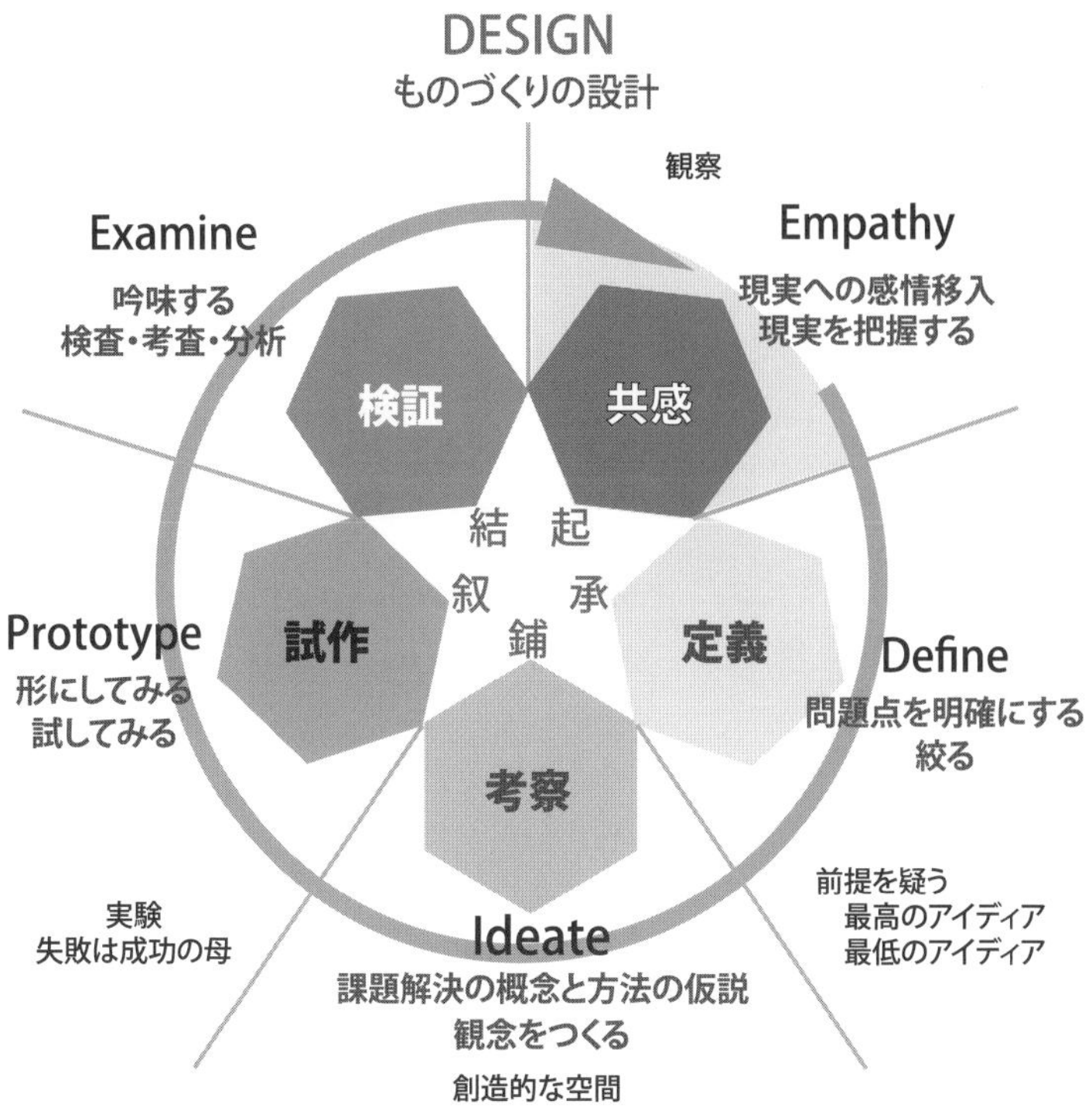

図 5-1　賀川督明のデザイン思考
共感からスタートし、共感へとかえってくる
出所：注 14 に加筆

図 5-2　賀川督明と共に制作した小水力発電（山梨県都留市）
出所：注 15

マイナス（痛み）のシェア

賀川督明は、自身のデザイン思考（共感→定義→考察→試作→検証→共感→定義……）を、ものづくりからまちづくりに応用して、類推の力を羽ばたかせていた。賀川は、祖父の社会事業家、賀川豊彦の事績を検証するなかで、共感のメカニズムの根底にある「協同」を発見した。そこで垣根をこえて、地域の内外につながりをつくる方法として、「協同組合方式」を提案していた。(16)

よそ者の僕らが考えるのは、その地域の人たちが協同組合をつくる、という考えばかりになってしまう。それだけではなくて、都市部やその地域以外の人たちとつながる手段として、「協同」を構想していかなければならない。特に都市部は、地方に依存しないと成立しない。都市が地域とどういう関係をつくっていくか。その手段であり、方法として協同組合方式を選択する。その際ベースとなるのは、互助の感覚。「自分がしてもらったことを返す」という感覚をベースに、地域と都市とのつながりを作る手段、方法として協同組合方式を選択する。こういうかたちにならなくちゃいけないんじゃないかな。

賀川は、「新しい協同組合をつくること」ではなく、協同を見つけ直す、という考え方をしていた。バラバラになっていると感じる、都市と地域、地域の共同体、人間と人間、人間とモノ、人間と自然、環境、これらとのあいだには本来つながりがあったはず。今なくなっているのならば、どうすれば協同を見つけ直し、つくり直すことができるか。賀川はこのように問うていた。(17)

また賀川は、困難を抱えている人々とのつながりを求めていた。この点について、賀川は、「マイナスのシェア」という考え方を示し、次のように呼びかけていた。[18]

共に痛む、他者の痛みを分かち合うというマイナスのシェアというのがあります。「一人は万人のために、万人は一人のために」　これは私たち（協同組合）がずっと使ってきたフレーズです。前者の「一人は万人のために」、みんなのために私は何ができるだろうか、みんな志を持ちます。これはプラスのシェアです。私の志で多くの人たちにちょっとずつプラスのシェアが行き渡ります。みんながお互いにプラスを出し合って、それをシェアします。

後者の「万人は一人のために」これはマイナスのシェアです。「万人は一人のために」、そう言ったとき、一人は痛みを持っています。ですから万人の寄り添いが必要になります。「一人は万人のために」、これはプラスのシェアとマイナスのシェアがセットになった言葉です。しかし私たちはこの「一人は万人のために、万人は一人のために」という言葉を吐きながら、マイナスのシェアをちょっとおろそかにしているのではないでしょうか。このマイナスのシェアというのは、私たちは苦手なんですね。マイナスのシェアというのは、ちょっと自分が傷つかなければならないからです。できれば自分は傷つきたくないというのが、普通の気持ちです。痛みをシェアしていくということは、ちょっと私が痛むということです。

もちろん、地域によって、人によって、抱えている課題も必要な解決策も違う。「色んな作用が複雑に絡み合って地域はつくられているからね」（賀川[16]）。では、「私たちにとって共通で取り組まなければならない課題は何か」、「人間が暮らすということ、そのなかのどういう領域を協同組合は引き受けなければならないのか」と、賀川は問う。その問いに応えて、賀川は、「くらしを総合的に受け止める」ことからの出発を説いていた[19]。その基本となるのが「痛み（マイナス）のシェア」である。賀川はいう。「私たちの心は、人の痛みを引き受ける力を持っているのです。まず心で受け止めることを私たちはしているのです。それから実践につながる、そのことが必要なのだろうと思います」、と[20]。

思考の深化のために

自然と、人と、他なるものと、未来志向で共に生きるとはどういうことか。自然は生きている、そのことに人はおどろき、感動する。どうしてそうなっているのかと考える。自然を気にかけ、心をこめて世話をする。再生する自然に学び、わたしたちは力を得ている。

賀川は、地域の暮らしのなかに協同を見つけ直すためには、「3H（Head, Hand, Heart）」をともなった協同労働の協同組合（ワーカーズコープ）が必要だと説いていた。賀川が暮らした山梨県都留市のような中山間地域の農村では、年金「プラスα」の仕事をいかにして生み出すかが、高齢者にとって重要なライフラインとなる。その「プラスα」をとりまとめる社会的企業をいかに設計できるか。「お互いさま」が必ずしも等価交換で成り立つわけではない関係性を受け入れて、いかなる「協同組合方式」を創り出せるか。コミュニティ全体として、プラスのシェアとマイナスのシェアをどう分配（意思決定）していくか。こうした地域的な取り組みを支える、地方自治体や国の役割をどう制度化していくか（ランドケア原則にみる「補完性の原理」）。そして、人間と自然、人間と地球とのあいだに、いかなる協同のあり方を見いだすか。賀川が訴えた、マイナスのシェア（痛みのシェア）は、こうして、真摯な問いをつぎつぎと生み出したのである。[21]

注

(1)河野哲也、２０１４年『「こども哲学」で対話力と思考力を育てる』河出ブックス：88～89頁

(2)河野哲也、２０１４年前掲：89頁

(3)ミルトン・メイヤロフ、１９７１年＝１９８７年『ケアの本質――生きることの意味』ゆみる出版：69頁

(4)マイケル・シーゲル、２０１２年「地域共同体・包括的取り組み・連携――境界を超えるランドケア」『BIOSTORY』第17号：43頁

(5)マイケル・シーゲル、２０１０年「豪ブーマヌーマナ・ランドケア・グループの取り組み、実績、および問題意識」『社会と倫理』第24号：63～64頁

(6)Rob Youl, Sue Marriott, Theo Nabben, 2006, *Landcare in Australia: founded on local action*, Published by SILC and Rob Youl Consulting Pty. Ltd

(7)Michel T. Seigel ed, 2013, Secretariat to Promote the Establishment of Landcare in Japan（=SPELJ）Newsletter Issue No.1: 12頁。ニュースレターには日本語版もあるが、原著から訳出した。

(8)Michel T. Seigel and Kazuki Kagohashi, Allan Dale, Jen Quealy, Andrea Mason, Rob Youl and other conference participants, 2018, *Global Resilience Through Local Self-Reliance: The Landcare Model: A Summary of the Discussion of International Conference of Landcare Studies 2017*, Published by Nanzan University Institute for Social Ethics and Australian Landcare International (http://rci.nanzan-u.ac.jp/ISE/ja/publication/book/ICLSreport2018.pdf).

(9)Michael T. Seigel, Kazuki Kagohashi et al., 2018. 前掲：16頁

(10)Michel T. Seigel, Kazuki Kagohashi et al., 2018. 前掲：11頁

(11)マイケル・シーゲル、２０１８年「ランドケアと補完性の原理」『社会と倫理』第33号：17～33頁

(12)Michel T. Seigel, Kazuki Kagohashi et al. 2018. 前掲：14頁

(13)2013年9月2日のインタビュー
(14)賀川督明の最終講義「賀川豊彦と協同組合」(2014年8月26日「協同組合論」、キャンパスプラザ京都)
(15)賀川督明宅で開催されたサロンでのプレゼン資料(2013年9月2日)
(16)2012年10月31日のインタビュー
(17)賀川は、協同組合間連携、協同組合間の「協同」を提言していた。生産と生活(消費)の接合、エネルギー生産と生活の接合、暮らしを支える仕事や労働の多様性を、賀川は探っていた(2013年8月2日のインタビュー)。
(18)賀川督明、2012年「国際協同組合年と賀川豊彦」『国際平和』国際平和協会:33頁
(19)2012年12月2日のインタビュー
(20)賀川督明、2012年前掲:27、33頁
(21)協同総合研究所が主催したワークショップ「資源はだれのものか?――地域から自然再生可能エネルギーを考える」への参加からヒントを得た(『協同の発見』2013年、第247号の特集を参照)。このワークショップには賀川督明も登壇しており、「日常生活における分配(シェアー)」と題して講演している(2012年11月20日)。

第6章

循環

食べたもので食べるものをつくるまち

本章の舞台　鹿児島県日置市

本章のテーマは、循環である。素材や原料の調達、生産、流通、消費、排出、収集、運搬、処理・処分というモノの流れはトータルにつながっている。家庭は商品流通の終点であると共に、ごみ出しの起点となる。各家庭の暮らし方は、地域のごみ問題と直結している。ただし、販売はスーパー、収集と処理は廃棄物処理事業者、処分の最終的な責任は地方自治体といったように、意思決定や経済活動の主体がそれぞれの過程でバラバラであり、統合されていない。これに対して、分断した社会システムを循環まちづくりの視点から統合して再構成するにはどうすればよいか。どこからどのように着手することができるだろうか。

本章の舞台は、鹿児島県日置市である。日置市では135自治会から1万3962世帯が参加して、年間約1000トンの生ごみを収集して堆肥化している。「よかんど」と名づけられた生ごみリサイクル堆肥は、畑を豊かにし、野菜に生まれ変わっている。「食べたもので食べるものをつくるまち」、それが日置市の生活文化であり、地域の個性表現である。この循環のメカニズムとはどのようなものか。循環はどのように生まれ、暮らしに根付いていったのか。

1 自然への還元、植田和弘のリサイクル社会論

環境経済学者の植田和弘は、大量廃棄社会の問題の根源を分断型社会システムに認める。分断型社会システムの特徴について、植田は次のように論じている。[1]

大量廃棄社会

モノの流れとしてはつながっているのだけれども、そのモノの流れに関与する各経済主体は、個別に分断されたまま、各々の原則に基づいて、社会的に望ましいという観点ではなく、私的に望ましいという観点から、意思決定をするために、全体の社会システムとしては、社会の最適状態からは大きく乖離してしまい多大な社会的費用や社会的損失を発生させてしまうのである。このような社会システムを分断型社会システムと呼んでおこう。

植田は、この分断型社会システムに対して、「自然への還元」に基づくリサイクル社会を構想した。では「自然への還元」に基づくリサイクル社会への構造転換を、どこから、どのように行うのか。

廃棄物からモノの流れ全体を捉えなおすと、モノの流れを形成する責任主体の分断がみえてくる。生産は生産者が、流通は流通事業者が、消費・排出は消費者が、そして収集と処理を廃棄物事業者と公共部門が担っている。モノの流れは一連のものであるにもかかわらず、個々の意思決定を行う主体やその行動原則はバラバラである。しかも生産、流通、消費、廃棄の各段階において、それぞれの主体は、利潤最大化や費用最小化、あるいは満足度最大化というそれぞれにとって最適な原則に則って、各々の行動に関する

意思決定を行っている。したがって公共部門がそれらの意思決定に対して介入を行わない場合は、市場メカニズムの調整のみが機能することになる。廃棄物の処理・処分を最終的に担うのは地方公共団体である。廃棄物をめぐるプロセス割の「分断型社会システム」に統合の原理を働かせるためには、モノの流れの最終に位置する地方公共団体の行動原則が重要になる。

廃棄物の処理を考える際、基本的には、地域から排出される廃棄物の質と量とを与件として、排出された廃棄物を適正に処理することが原則となるが、公共部門の役割はそれに留まらない。規制、監視、行政指導を行い、生産者や排出源企業に対する処理責任を明確化し、有価物分別回収及び資源リサイクル事業のマネジメント、地元の廃棄物処理・リサイクル事業者の技術指導を行うことも重要な役割である。

リサイクル社会への転換

リサイクル市場が成立するためには、(1)廃棄物が大量にあること、(2)廃棄物に有用な属性があること、(3)再生技術が存在すること、(4)再生品の需要が存在することの4条件が同時に満たされている必要がある。[2] 廃棄物と再生品の量と質、それをつなぐ物流がうまくコントロールできなければ安定したリサイクルを事業として行うことは困難である。

再生された資源は、さしあたり既存の市場で評価されることになる。したがって処女資源を利用する費用よりも廃棄物から再資源化された再生資源を利用する費用の方が安価であり、品質も納得できるものであり、しかもその価格差と品質がある程度長期間維持されなければ新たなリサイクル市場は形成されない。特に、価格差の不安定性はリサイクル産業の設備投資リスクを大きいものにするため、事業者のリサイクル活動を阻害する要因となる。

さらに、処女資源と再生資源の価格差に基づくリサイクル事業に関する企業の意思決定の際には、社会的費用(=リサイクル・プロセスから生じる環境汚染やリサイクルのためのエネルギー・資源投入)が無視されがちである。(3)

既存の市場を通した結果、潜在的には資源となるはずのごみは、再資源化されることなく処理・処分の対象、つまり廃棄物となってしまう。リサイクル市場をスタートアップさせるためには、地元の廃棄物・リサイクル事業者の技術開発・技術転換の支援も含め、公共部門の政策的なサポートが必要である。「動脈系統を制御し、同時に静脈系統を社会的に支える費用負担の仕組み(4)」を構築することが、地方公共団体には求められている。

植田は、人間と自然との循環関係にその原理的な手がかりを求める。(5)

「廃棄物」は、今あたかも怪物のごとく、日本全国を暴れ回っている。技術の高度化を基礎にめまぐるしく変化・成長する日本経済は、廃棄物処理を考慮しない生産や都市改造をすすめ、廃棄物増加型の産業構造や生活様式、そして使い捨ての大量廃棄社会をつくりだしてきた。そこから生み出される新しい質をもった膨大な量の廃棄物は、人間と自然との物質代謝の関係を大きく攪乱している。

植田は、物質代謝に注目し、「自然への還元ができないもの」を生産し、消費している社会構造そのものに、大量廃棄社会の問題の根源を認める。これに対して「人間と自然との間の物質代謝が望ましい状態にあり、

自然と社会の持続可能性が確保された社会」を対置させる。それを植田は「リサイクル社会」と呼んでいる。つまり、「リサイクル社会」とは、単に廃棄物のリサイクルを促進する社会なのではなく、自然の生態系循環の豊かさを基盤に、「自然へ還元できるもの」から成る生産と消費のあり方、社会設計を目指す理念である。

2 生ごみのリサイクル堆肥化にまち全体で取り組んだら

以下では、植田のいう「リサイクル社会」の実現に向けた一歩として、家庭から廃棄されるごみのうち、水分含有量ベースで50〜60％を占める生ごみにフォーカスする。生ごみは有機物であり、必ずしも焼却によって処理する必要はなく、廃棄系バイオマスのなかでも直接的にリサイクル可能である。その多くが水分であることからも、焼却による処理は得策ではない。

このような物質循環の視点から、食品・生ごみのリサイクルを地域全体で構築することに成功した、鹿児島県日置市の事例を研究しよう。

日置市（鹿児島県）にて

鹿児島県日置市は、2005年5月1日に、伊集院町、東市来町、日吉町、吹上町が合併し発足した。鹿児島市内への利便性から、ベッドタウンとしての人気も高い。2022年2月1日現在、人口4万7349人、世帯数2万2598世帯、自治会数は176組である。(6)

薩摩半島の中西部に位置し、東側には薩摩半島の脊梁部をなす山地が連なり、その西側に海岸平野が広がる。海岸部は約47㎞にわたって白砂の吹上浜が連なり、ウミガメの産卵地となっている。火山灰台地によって形成された平野部には、いたるところで温泉が湧き、薩摩焼の産地でもある。起伏に富む地形を生かした畜産や農業（茶、イチゴ、カンキツ）も盛んである。吹上浜北部で江口浜漁協が運営する産直市場・江口蓬莱館では、新鮮な魚が安価で味わえる。市内の伊集院駅前には焼肉店が並び、豊かな畜産物を地元で味わうこともできる。日置市からは、高速道路網を介した空港・港湾へのアクセスもよく、食品加工工場も進出している。

生ごみリサイクル堆肥「よかんど」

日置市では、2012年11月に、「生ごみ回収・堆肥化モニター事業」（以下、リサイクル堆肥化）をスタートさせた。リサイクル堆肥化では、家庭の生ごみと廃食用油を自治会単位で排出し、それを地元の廃棄物処理・リサイクル事業者が収集し、堆肥化する。その堆肥は品質評価され、日置市生ごみ再生堆肥「よかんど（良かん土）」（商標登録）としてブランド化し、販売されている。

リサイクル堆肥化ではまず、自治会が取り組みに手を挙げる。その際、自治会は生ごみ回収用タルの設置場所を明記した地図を提出し、世帯数と人数を市に報告する（個人名は報告の必要がない）。生ごみ回収用のタルは基本的に現行のごみステーションに設置される。ただし、自治会内に生ごみ回収用のごみステーションを増設することもでき、その場合は市に申請すればよい。

事業へ参加することになった家庭には、台所用生ごみ水切り器と家庭用一時保管用バケツを配布する。自治会には、ごみステーションに回収用のタルが設置される（図6—1）。事業に参加した市民は24時間365日いつでも生ごみを出せるようになる。なお、生ごみは燃やすごみとして出すこともでき、必ず生ごみ回収タルに排出しないといけないわけではない。タルの回収は週2回、燃やせるごみの日に回収される。回収タルの底には竹チップ酵素を混ぜこんだ、もどし堆肥が敷かれている。家庭から自治会の回収タルに出された時点から、生ごみの発酵がはじまる。回収されるのは生ごみだけであり、卵の殻、貝殻、スイカの皮、魚の骨や内臓類、鳥の骨などは含まれる。その一方で、草類や切り花、木の枝、桜島の火山灰などは含まれない。

使用済み食用油は、生ごみと混ぜて出すのではなく、使用済みのペットボトルや元の容器に入れ、漏れないようフタをして、燃やせるごみの収集日に同じステーションに出す。廃食用油は、発酵促進のための添加材として、処理場で添加される。

回収された生ごみは、地元の廃棄物・リサイクル事業者である株式会社丸山喜之助商店（丸山明紀・代表取締役社長）の生ごみリサイクル処理専用プラントで堆肥化される。次頁の図6―2と図6―3はリサイクル堆肥化の工場の様子である。まず、目視と手選別により異物（爪楊枝、割りばし、ラップ類、プラスチック包装）を除去する。その後破砕処理をして生ごみをペースト状にする。

次にそれらを混錬機にかけ、ペースト状にした生ごみに、竹チップと発酵促進のための酵素を混ぜこんでいく。混ぜ終わったら発酵ヤードに積み上げる。発酵ヤードでは、1日に2回の切り返し作業を行いながら、適宜廃食用油を添加し、14日間ほどで生ごみは堆肥に生まれ変わる。

図 6-1　生ゴミ回収用のタル
出所：五ヶ瀬自然エネルギー研究所より提供、2022年1月13日撮影

発酵温度は、発酵ヤードに積み上げられた最初の5日間が80℃、次の5日間で徐々に下がってくる。そこで一度軽く切り返すと温度があがり、また5日間ほどすると下がっていく。常にモニタリングしながら温度が下がってきたら切り返す。これをくり返していく。最高で80℃、発酵期間中60~80℃で推移する。発酵温度は冬場でも変わらない。

処理施設内は風通しよく設計されており、良好な好気性発酵の環境を整え、臭気も抑えられている。発酵処理のスピードが速く、処理施設内では匂いもなく、虫もほとんど湧いていない。たとえ卵を産みつけられても、ふ化する前に分解処理してしまう。

生ごみリサイクル堆肥化事業は、2019年度いっぱいでモニター事業を終え、2020年度から市内全域を対象とした事業へと拡張された。日置市全自治会参加の事業となっても生ごみを受け入れられるよう、丸山喜之助商店は2019年7月に食品・生ごみ処理施設を拡張した。また同社では、コンビニエンスストアやスーパーマーケットからの事業系食品廃棄物も受け入れており、堆肥化施設内で生ごみと同様に処理される。処理能力は1か月あたり約200トン。生ごみのうち95%を減容化(消滅処理)し、残りは堆肥化される。おお

図 6-2　鞍岡大好き女子会メンバーに説明する日置市の久木崎稔係長
出所:2019年2月22日撮影

図 6-3　別の五ヶ瀬町からの視察者に説明する丸山明紀社長
出所:2019年11月27日撮影

よそのイメージとして1000トンの生ごみから、50トンのリサイクル堆肥が生成される。

市全体の可燃ごみ量の減少

2012年11月に4自治会50世帯の参加ではじまった事業は、初年度に約4トンの生ごみを回収した（廃食用油を除く）。その後、2014年度約12トン（100世帯）から、2015年度約183トン（3392世帯）、2016年度約477トン（5527世帯）、2017年度約760トン（9160世帯）、2018年度には約925トン（1万2650世帯）と増大した。2019年度には回収した生ごみが1000トンを超えた（約1050トン、1万3000世帯）。2020年度には市内全域をカバーする事業となり、135自治会、1万3747世帯、回収量約1010トンであった。2021年度は、1万3962世帯が参加し、2022年1月末時点で843トンを回収している。今年度も2019年度、2020年度並みの約1000トン程度の回収量を達成する見込みである。月間の収集量が安定してきたことから、生ごみのリサイクルが市民生活のなかに定着している様子がうかがえる。2015年7月から、2022年1月までの総回収量は約5260トンに上る。

日置市では人口減少が続いているにもかかわらず、可燃ごみ量が年々増加し、ピーク時の2014年には約1万3694トンに達していた。人口が減少しても可燃ごみ量が増加するのは、コンビニエンスストアや、スーパーマーケット、レストランなどの立地が進み、事業系一般廃棄物が増大するためである(7)。それがリサイクル堆肥化の本格化した2015年度以降、市内の可燃ごみ量が減少に転じた。約1万世帯が参加するようになった2017年度でみると、可燃ごみ量は約1万2421トンであり、年間の可燃ごみ処理量が、ピーク時の2014年度と比較して1273トン減少している。またごみステーション収集分の可燃ごみ量（家庭ごみ）に限れば、2014年度約8982トンから2017年度約7637トンと1345トン減少している。つまり、市内全体の可燃ごみ量の減少が、家庭由来の可燃ごみ排出量の減少によってクリアに説明できる。

リサイクル堆肥化事業の考案者である日置市市民生活課の久木崎稔係長によれば、「単に生ごみが減っただけでなく、市民の意識が変化したことが大きい」という。「生ごみが減るとごみ袋自体が軽くなるのでもっと分別しようという気持ちがおきる。生ごみを分別したことで、週に2回出していた燃やすごみが2週間に1回でよくなったという声も聞いた。また同事業の開始当初は、生ごみへの異物の混入に悩まされてきたが、今ではそれが減ってきた。水切りの意味も浸透してきている」と久木崎は分析する。[8]

CO_2CO_2マイレージ

生ごみの収集は、自治会を最小単位として設計されている。自治会に対して市は、生ごみの排出量に応じて1kgあたり10円の「CO_2《こっ》CO_2《こっ》マイレージ」を支払っている。これは地域活性化補助金を活用した地方創生事業であり、年間の上限は1自治会あたり上限5万円である。

生ごみを市が買い取る理由が、久木崎による自治会への呼びかけ文に記されている。

> ごみを焼却することによって、CO_2（二酸化炭素）が発生します。また、焼却した後には焼却灰が発生します。焼却灰はダイオキシン類を含んでいる場合があります。これらの処理には年間約5000万円の処理料が支払わ

れています。年間のごみ処理に掛かる費用「約5億円」のうち、1割が焼却灰の処理費用に費やされています。つまり、ごみを燃やすことによって、ごみを作り出していることになります。生ごみを1kg焼却することによって約300グラムの CO_2 が発生するといわれています。日置市では生ごみリサイクルに取り組んでいただいた団体（自治会）へ、CO_2CO_2 マイレージと称し、CO_2 削減に取り組み、ごみを通じて地域を活性化して頂いたことに対して報奨金として自治会へお支払いします。

この仕組みには地域のつながりを再構築する仕掛けが挿入されている。この奨励金は自治会が自由に使ってよい。地域でのお祭りや子どもたちへの還元に使われていることが多いようだ。生ごみを集めれば集めるほど各自治会にマイレージとして還元されるため、自治会に入会していない世帯の参加についても寛容性が生まれ、新たな交流が始まった自治会もあるという。

２０１９年度の奨励金は１３３組の自治会に対し、約５１３万円のマイレージが支払われた。２０１５年度の事業開始以降、２０１９年度までに総額で約１８６７万円が自治会に支払われた(9)。

また久木崎は、視察者を案内する際、天気がよければ必ず吹上浜に立ち寄り、その美しい砂浜の消失とウミガメの産卵地保護を行う住民活動の存在について語る。講演や小中学校への環境教育・食育の出前講座をする際も必ず、吹上浜の遠景を示し、ウミガメの産卵を守る人々の写真スライドから話をスタートさせる。

あなた方が50歳になった時、この吹上浜はどうなっていると思いますか？　考えてみましょう。私たちが小学生の頃はこの砂浜は、まだ倍以上の広さがありました。地球温暖化による砂浜の減少や漂着ごみによる障害物の影響で、ウミガメが上陸できず、総数も産卵頭数が減ってきています。地球温暖化の影響は間違いなく広がっています。そのために、今できることは？　何がありますか？

久木崎は、このように問いかけながら、子どもたちの環境学習や食育での対話を続けている。(10)

竹とアーティスト

日置市では、生ごみリサイクルのための発酵促進の補助材として竹が利用されている。そのため、市内の竹に値段がつき、地域資源となった。

竹は、丸山喜之助商店の生ごみリサイクル堆肥化プラントに持ち込むことで、買い取ってもらえる（ただし、青竹に限る）。市もこの竹林整備事業に同額を助成しており、持ち込まれた竹には1kgあたり10円（丸山喜之助商店5円／kg、日置市5円／kg）の値段がつく。２０１６〜２０１９年度の里山林総合対策事業分だけでも１万５０００㎥の放置竹林が整備された。

竹チップはもどし堆肥の素材ともなるため、さらなる堆肥の増産が求められれば、竹林整備がすすむ。さらに食品・加工事業者の立地などによって廃棄食品・生ごみの量が増えれば、竹チップの増産は必須であり、放置竹林の整備にさらに投資されることになる。このように日置市のリサイクル堆肥化事業では、市民の協同の力が引き出され、その力で地域資源管理がすすむ。工夫がいたるところに挿入されている。

とりわけ、市内で陶芸が盛んな美山地区では、芸術家たちが竹林整備の主体となり、丸山喜之助商店に売りに行くだけでなく、切り出された竹を活用した竹垣が制作されている。デザインされた美山の竹林は、ふれあいの森づくり全国表彰理事長賞（２０１９年度）、かごしま人まちデザイン賞大賞（２０１８年度）を受賞するなど、近年、新たな地区の魅力（環境デザイン）が創出されている。「たばこ代にもなるし、制作の息抜きにもいい。業種の違うアーティストが出会う機会にもなった」、ガラス工房ウェルハンズの松岡晃司はこのようにいう[11]。

要らない、邪魔で困っていると放置されていた竹林は、生ごみリサイクル堆肥化の資材となり、価値ある地域資源に変わった。物質の循環をつくることで、それを生産し、動かす人がつながる。ここにお金も生まれる。たばこ代は、堂々と楽しみに使える。嬉しいお金だ。家計にも余裕が出るので家族から応援してもらえる。こうして少しでもお金が生まれればまた取り組める。創作活動の休憩時間や気分転換に竹を刈りにいく。仲間と集まってやればさらに多くの竹を出せるし、楽しい。結果的に、竹林整備と竹垣づくりのグループが生まれていた。

放置竹林に困っている人からは、竹林の整備を頼まれるようになってきた。そこにはまた別の収入が生まれる。市内のいたるところがデザインされた竹林となる。その竹垣を見るために訪れる人が現れる。賞を取ったりもする。お金を得るだけでなく、仲間と共に喜びを分かち合う。このようにして、まちづくりの価値が創出されている。

3　地元企業と地方自治体が力を合わせたら

経済的主体がある

地元の廃棄物処理・リサイクル業者である丸山喜之助商店が、食品・生ごみの収集、運搬、堆肥化（処理と再資源化）、堆肥の販売・供給を総合して行うことの意味も大きい。地域の廃棄物・リサイクル事業者のもつ技術が、その地域の分別や処理方法を規定する。その点からも、有機物循環のために食のリサイクル・ループをつなぐ経済主体がローカルに成立したことが、この事業の成功の鍵であった。地域の生ごみや食品残渣《ざんさ》を焼却することなく再資源化するリサイクル技術を同社が確立できなければこの事業は成立しなかった。竹に値段がつくこともまたなかった。

丸山喜之助商店は、生ごみリサイクルから生まれた堆肥である「よかんど」を、食品残渣の回収をしているコンビニ・レストランなどが契約する農家や日置市が鹿児島銀行と共に6次産業化を進めている鹿児島オリーブ株式会社へと供給・販売している。

さらに丸山喜之助商店のグループ会社では農業部門を創設し、シラスの土地に約2年をかけて「よかんど」をまいて畑をつくった。ネギや大麦若葉、サツマイモといった野菜を生産し、そのブランド化（よかんど!そだち）にも着手した。その土地で食べたものからつくられた堆肥が投入されて、食べるものが生まれる。生産された野菜や農作物で地域の食が生まれる。「食べたもので、食べるものをつくる」という、廃棄系再生バイオマスのリサイクル・ループが、リサイクル技術を構築し、リサイクル市場を創出し、実際にモノを動かした地域の経済主体によって完成した。

「収集」の場で考える

日置市の政策担当者である久木崎は、このような物質循環をどこから、どのように考えていったのか。久木崎によれば、ごみについて考える出発点は常に「収集」の場であるという。

廃棄物の収集・処理プロセスのうち、ごみの収集は、政府の失敗による非効率を克服する手段としての民間委託（市場化）が早くから行われてきた部分である。日本では1960年代に着想され、1980年代初頭にはすでに、ごみ収集サービスの民間委託が本格化していた[12]。実際に、市民との接点であるごみ収集サービスを民間委託することで、ごみ行政への職員参加の衰退と管理能力の低下、専門性の低下（専門性を高めつつ効率化を図る改革を行うことが公共部門の役割）、幅の広い業務内容を処理する多機能が要求される再資源化の分野に職員が対応できるかといった問題点が出ている。

日置市のリサイクル堆肥化が、最小単位を自治会に設定し、個人にまで分解しなかった点にも、「収集」の場から着想された設計の考え方がみえてくる。日置市では2008年度に、資源ごみの回収を自治会の収集拠点でのカゴ回収から袋回収へとその回収方式を変更させた。久木崎の回想によれば、説明集会のために自治会を訪れるなかで、地域住民にとって気軽で自然な、生活のなかに挿入された出会いと社交の場が失われるという懸念や不安の訴えが多く聞かれたという。

これに対して、リサイクル堆肥化で各自治会に設置された「タル」は、「皆で持ち寄る」という仕組みを再生したものだ。また自治会の皆で生ごみを集めてマイレージを得るというわかりやすい目標設定（自治会内では共通の目標、自治会間では競争の指標）で、全市民参加のための目線合わせがなされている。地域コミュニティの結節をつなぎなおす仕組みが収集の場に埋め込まれていることで、「協同という言葉が、形になって行われている」と、暮らしのなかで実感を深める自治会が出てきている。協同の経験が暮らしを通して地域社会に蓄積されているのである。暮らし方が変わったことで、まちが変わりはじめている。

地方自治体の役割

大量廃棄社会にあって、生産者や消費者が、製品の使用後・消費後の段階でもたらされる廃棄と処理による環境負荷を考慮しないまま経済活動を行うなかで、その問題の解決は、一般廃棄物の収集・処理の最終的な責任を負う地方自治体へと転嫁される傾向にあった。植田も「ごみ問題の解決は、地方自治の発展なくしてはあり得ない[13]」、という。

じっさい、多様な市民生活の仕組みづくり、企業や産業活動に対する監視・規制、地元の廃棄物・リサイクル事業者への技術移転や市場形成の支援など、地域の総合的な政策主体として、公共部門（地方公共団体）の役割はますます大きくなっている。

しかしながら地方自治体もまた、経済の振興と生活様式の変化にともなうこれら廃棄物の量的・質的変化に対応できず、とりわけ1990年代以降、不法投棄、ダイオキシン問題、最終処分場の逼迫が社会問題化した。最終処分場問題の解決策として登場した燃焼・焼却という方法も、その施設立地が「迷惑」という住民問題もあるが、2000年代以降は気候変動へのネガティブな影響から大きな社会的批判にさらされている。多くの地方自治体は、困っているだろう。日置市に学んではいかがだろうか。

思考の深化のために

本章では、素材・原料の調達、生産、流通、消費、排出、収集、運搬、処理・処分というモノの流れの連続性と、それに対する処理・再生する社会システムの分断を問題の出発点として、「自然への還元」に基づく「リサイクル社会」への転換をどこから、どのように行うのかを考えてきた。そこで注目したのが、家庭から排出される生ごみをリサイクル堆肥化し、「食べたもので、食べるものをつくる」という循環を地域内につくることであった。

「リサイクル社会」とは、自然の生態系循環の視点から廃棄物処理システム、生産と流通、消費の構造を見直すための理念であった。大量廃棄の分断型社会システムによって処理される廃棄物の広域的流動がもたらす弊害を直視するならば、地球的規模の環境制約と地域的規模の環境制約に同時に対処しうる「リサイクル社会」のシステムとエコシステム産業を構築する必要がある。

このような問題意識から、本章では、「食べたもの」から着手するアプローチを示し、日置市の食品・生ごみリサイクル堆肥化の事例を研究してきた。日置市では「自然への還元」に基づく統合的な、廃棄系再生バイオマスの処理システムが構築され、市民生活に根付いている。市民の参加、地方自治体の政策、地域の処理業者の技術によって収集から処理・再生の部分がつながった。シラスの土地に、豊かな堆肥が埋め戻されていくことで、農業の再生がはじまった。ここに暮らしがある以上、生ごみはこれからも出てくる。生ごみは堆肥となり、土地を再生していく。農業・畜産業との連携が強化されていけば、物質循環の仕組みがますます強化される。

また環境の視点からも、この日置市の仕組みは、生ごみと廃食用油をその他の可燃ごみから分けて回収することで燃焼処理する可燃ごみの削減につなげ、さらにそれを地域の再生と気候危機と関連させることで、多様な価値を生み出した。この循環は、市民と地方公共団体、廃棄物・リサイクル事業者が連携しながら、地域にあるものを組み合わせ成立させてきたものであった。

日置市の生ごみリサイクル堆肥化では、地方自治体による政策統合のもと、暮らしから、市民と地方公共団体―廃棄物・リサイクル事業者（技術・市場）がうまく連携している。ここで用いられたリサイクル技術は、工学的技術ではなく、土着菌を活性化させ、その働きの向きを合わせる農学的技術である。

日置市では「自然への還元」に基づくリサイクル社会という理念を共有した暮らしが、日々、積み重ねられている。その暮らし方は家庭や地域での学習を通して個々人に浸透して「心の習慣（habits of the heart）」（ロバート・N・ベラー）となり、地域文化を形成している。日置市に暮らせば、自然と、このリサイクル・ループに生活を投入することになるのである。

注

（1）植田和弘、1992年『廃棄物とリサイクルの経済学――大量廃棄社会は変えられるか』有斐閣選書：28頁
（2）植田和弘、1992年前掲：50頁
（3）植田和弘、1992年前掲：136～137頁
（4）植田和弘、1992年前掲：234頁
（5）植田和弘、1992年前掲：i頁
（6）日置市市民生活課の久木崎稔係長より定期的にデータ提供を受けて、考察を更新している。
（7）植田和弘、1992年前掲：120～121頁
（8）引用の内容は、久木崎との対話から構成されたものである。最終的には、久木崎と草稿を共有して紙上対話しながら内容を確定させた。以下の引用箇所についても同様である。
（9）2020年度まで上限5万円を継続するが、2021年度4万円、2022年度2万円と助成額を減額していき、2023年度

を目途に終了予定である。

(10)久木崎稔は1969年生まれ。小・中学生の頃(1970~80年代)は、吹上浜で野球場のグラウンドが何面も取れる広さがあったという。「鹿児島県ウミガメ保護条例」の制定は1988年3月28日(条例第6号)。ウミガメの卵は良質なタンパク源とされ、「私(久木崎)が小学生の頃はお店にも普通に売ってたのを記憶しています」という。保護条例制定以前は、盗掘も多かったそうだ。日置市の集計によれば、2000~2019年度の、ウミガメの上陸総頭数は3991頭、産卵総頭数は1979頭である。この間、2013年度の上陸頭数429頭、産卵頭数169頭が最大で、2019年度は上陸頭数164頭、産卵頭数59頭であった。

(11)2019年2月22日のフィールドノート

(12)植田和弘、1992年前掲:89~94頁。この時期は、国家の財政再建のために小さな政府が目指されていた。官から民へと公共機能・公共サービスを移管すること、つまり行政から市場へという民間活力の推進を、公務・公共サービスの外部化として基本戦略にした時期であった。ごみ行政以外でも、公立系病院・医療サービス、図書館サービス、雇用調整・職業訓練サービス、社会福祉事業や保育関連への指定管理者方式の推進といった、地域の社会生活に関するさまざまな分野で外部化が進められた。(武藤博己編、2014年『公共サービス改革の本質――比較の視点から』敬文堂)

(13)植田和弘、1992年前掲:236頁

第7章 修景

世界経済に適応するまち

本章の舞台　ベトナム、メコン・デルタの水郷集落

本章のテーマは、修景である。修景とは景観を修復し、地域の風景を手直ししていくことである。地域とはその土地の生態を基礎にして社会と文化が複合的に成立しているまとまりであり、地域の風景は、その土地で暮らしてきた人々の生活文化によって表現される。したがって、まちづくりでは、風景のなかから暮らしの来歴を読みとく作業が必須となる。この作業は、今の暮らし方に影響を与え、暮らしの見直しを迫ることになる。その相互作用が修景のメカニズムである。

本章の舞台は、ベトナム、メコン・デルタである。国際政治と世界経済の大きな影響を受けた土地で、人々はどのような暮らし方を構築してきたのだろうか。後に詳しくみていくように、メコン・デルタの人々は、小さな土木作業を積みかさねながら景観を修復し、地域の風景をつくり直して暮らしている。コツコツと風景をつくる暮らし方は生活文化となり、メコン・デルタの水郷集落景観という個性表現となっている。

まちづくりとは、互いの暮らし方が時間を超えて相互作用することで地域の風景を手直ししていくことでもある。過去・現在・未来と、暮らし方が時間を超えて相互作用するとはどういうことだろうか。

1　デルタという地域空間をどう捉えるか？

デルタと人の開発史

本章の舞台となるのはメコン・デルタである。まずは、東南アジアの熱帯デルタという空間の来歴とその特徴を捉えることで、まちづくり思考につなげてみよう。

東南アジア大陸部は、古生代以来の造山運動により特徴づけられる。約4000万年前にアフリカから漂流をはじめたインド亜大陸が、東進しながら古アジア大陸の南縁にぶつかった。その衝撃でヒマラヤが押し上げられ、インドシナ半島が東方に押し出され、ヒマラヤ山脈の東端を起点として半円を描くように山地部が形成された。この山地形成により大陸部を流れる大河川の源流がヒマラヤ東端に集まりそこから流れ出すという、現在のような河川の流路が生まれた。紅河、メコン、チャオプラヤ、イラワジという今日にも続く大河が、その原型をかたちづくっていった。

第4期新生代になると、山間を流れる河川から流出した土砂が河口部に堆積し、広大な沖積低地が形成された。デルタ（三角州、湿地、干拓地）という新しい土地には、その土砂を運んでくる大河の名がつけられた。ベトナム北部の紅河デルタ、タイのチャオプラヤ・デルタ、ミャンマーのイラワジ・デルタ、そして、カンボジア平原の一部とベトナム南部に拡がるメコン・デルタである。

山間地からデルタへの土砂移動は、長い時間はかからないので、基本的には山地部岩石の化学的形質を維持してデルタの土壌が形成される。土砂供給の先端部分と海との境界部分にはマングローブ帯が形成される。マングローブやニッパヤシの林が陸地化された場所は強い硫酸酸性の土壌となり、作物の生育は難しい。

デルタは気候変動による海面上昇の影響も大きく受ける。例えばメコン・デルタについて、カントー大学資源環境科学部の分析によれば、２００９年を起点に、65㎝の海面上昇で５１３３㎢（ベトナム・メコン・デルタの12・8％に相当）、75㎝の上昇で７５８０㎢（19％）、１００㎝の上昇で1万５１１６㎢（37・8％）が海水の浸水域となるという。(1)

もともとデルタ地帯は、水深数メートルにもなる雨季の洪水・氾濫と、雨量の少ない乾季の乾燥のために、人が住むのは不適な土地であった。それが「開拓」を主題にデルタが国際関係の表舞台に登場するのは、19世紀のことである。植民地政府や王権によるデルタの大規模開拓が進行し、水路が張り巡らされ、灌漑が行き届く。掘削した土砂を水路沿いに盛土することで居住空間が形成され、移民が入植する。このようにして水と労働力を確保した空間では、輸出用作物、換金作物栽培のための産業化された農業が行われる。世界的な食糧需要の高まりを背景に、東南アジアのデルタ地帯ではこの変化が一気に進んだ。ミャンマーではイギリス植民地政府が、ベトナムではフランス植民地政府が、デルタ開発を進めた。タイのチャオプラヤ・デルタでは王室による開拓と華僑の商人による投機的開拓が進んだ。(2)

このようなデルタの発達史を、自然地理学者の高谷好一は次のように表現する。(3)

デルタの一つの特徴は、さっき言いましたように住みにくいことです。しかし、毎年雨季の数ヵ月間水が浅くたまるということは、熱帯の背の高いイネにとっては――熱帯のイネというのは背が高くなる――かっこうの生育場でもあるわけです。ほっておいてもイネは成長する。ということは、ひとたび人間がそこに住むと、これは一大米作地帯になりうる潜在力を秘めているわけです。こういう条件、それと山の民と海の民が出会った

という歴史的事実がちょうど100年程前に起こるわけです。ヨーロッパの植民地政策が軌道に乗っている時期ですね。穀物を作ればいくらでも売れた。そういう時期、それが重なって、デルタというのは爆発的に米プランテーションの場になった。これが最後に出てきたデルタの性格なのです。……中略……これが近世だと私は思う。デルタというのは、出会いの場所であり、大生産の空間でありますが、たかだかここ100年くらいのことではないでしょうか。

地形発達史学的にみて新しい土地であり、自然条件にも厳しく制約されるデルタは、人間の大規模介入による生態利用という観点から、近代以降の国際関係と世界経済のなかでその位置づけを変容させてきた。時間的にも、西欧諸国や日本が時間をかけて一つひとつ経験していった近代化のプロセスが、ここでは100~150年のうちに凝縮して表出している。

デルタの風景

人の手が不断に加えられ、改変され続けているデルタという土地の、これからの変化をどのように見定めるのか。わたしも、わずかでも関与しながら自分の目と手で捉えていきたい。そのためにどのような方法が考えられるだろうか。

次のやりとりをみてみよう。政治学者の矢野暢が主催した座談会で、高谷がユニークなデルタの見方を提示している。(4)

矢野：緑の革命は結局だめだといわれていますね。

久馬（土壌学者の久馬一剛）：そう言い切るのはちょっと早いと思いますね。いま東南アジアの農民たちは、この高収品種をどう使いこなすかの試行錯誤の過程にあると思うのです。たとえば深水のウキイネ地帯で、雨季の前後に補助的な灌漑をしながら高収品種を作るようなやり方が出てきていますが、これなど初めには予想されていなかったのではないでしょうか。たしかに緑の革命は、初め宣伝されたほどの革命的飛躍をもたらさなかったのですが、しかし地道な滲透《しんとう》をしつつあるといえるのではないでしょうか。

高谷：久馬さんに同意見です。たとえば奈良盆地を想像してください。あれだって、いまは水路が完備してりっぱなものですが、昔から完備していたわけじゃない。要するに水田地域というのは、人間が土地に投資して、土地を変えていくわけです。たしかにデルタは変えにくい所です。とにかくその自然が偉大すぎますから。しかし、少しずつ投資すると――投資のほとんどは労力です――やがてはデルタも変わります。おそらく21世紀の前半はだめでしょうが、21世紀の半ば、22世紀には、デルタもある程度は制御可能な空間という……。

矢野：長生きしてみたいですね。

高谷：そういうことです。

なるほど、デルタというのは、その土地に暮らす農民が主体的な担い手となって、労力をかけてコツコツと空間を改変し、暮らしを築いていく開拓空間として捉えると、その特徴がわかりやすい。

2 小さな土木工事を積み重ねる暮らし方

海田能宏の「風土の工学」

ではデルタにおける豊かな農業景観とはどのようなものか。農業水利学者の海田能宏《かいだよしひろ》は、「風土の工学」という手法を考え出した。デルタにおける膨大な「民の生態知識」[5]が表出した豊かな農業・農村景観として、海田が提示するのは、1950年代から自然改変が進められたチャオプラヤ・デルタで、整備がひと通り完成した1970年代に見られるようになった次のような景観である[6]。

面白いことに、水利システムの整備水準がある程度にまで高まると、根本的な土地利用の変化が起こってくる。それは、典型的には、チャオプラヤ・デルタの下流域、クリーク網地帯で生じている。米の単作から、場所によっては養魚と家禽飼育を加えて、野菜、果樹作を含む複合経営へと進みつつある。景観的にも、水路沿いの薄っぺらで殺風景な列村という開拓地景観から、屋敷地とその背後の果樹園の木々の緑と、さらにその背後に広がる稲田の景観という、成熟した農村景観へと変貌しつつある。これは、年中水を湛えるクリーク網により、個別の自由な灌漑配水管理が簡単にできることを前提にしているが、それに加えて、農民個々人が平らかな平地に小さな土木工事を積み重ねて適度の凸凹をつくりだし、また微地形とそれに応じた水文環境の微細な差異をうまく利用して、栽培技術的にもそこに最も適した営農を取り入れた結果である。……中略……私(海田)はこれを「米・魚・家禽・果樹複合」と呼びたい。

海田の観察によれば、デルタの人々は、真っ平であるはずのデルタの土地の微細な差異に注目し、手仕事で溝を掘り込み、畝だてし、土地に小さな凸凹をつけていくことで空間を区切り直す。そこに水を回し、栽培景観を発達させている。水路が整備され、手近なものとして触れることができ、コントロールできるようになった水を、個々の農民が利用し、手仕事の土木工事を積み重ねることによって個性的な水利景観がつくられていく。海田は、上手に計画され、よく管理され、丁寧に手がくわえられ続けていることで成熟していくデルタの農業景観の豊かさをこの点に見出した。

海田によれば「豊かな農業景観とは、一口でいうと、人々が土地に刻んだ歴史がすなおに感じられる、そういう「かたち」である」[7]。「土地の人たちの環境適応的な営為を技術的、社会的、経済的に組織化するための技術学」であり、「ある地域の与えられた自然環境と条件、歴史、社会、制度、経済をベースにして、豊かな景観をデザインする技術学」、それが「風土の工学」である[8]。

メコン・デルタの土地利用

次に、メコン・デルタの自然環境と土地利用の変化をみていこう。高谷と海田らは、1970〜74年に、国際連合アジア極東経済委員会（the United Nations Economic Commission for Asia and the Far East, UN-ECAFE）からの依頼を受けてメコン・デルタ地域の自然と農業の調査を行った[9]。

海田は、メコン・デルタの地形発達史を分析し、それぞれの地区ごとの農業環境を観察した結果をまとめている。1970年代のメコン・デルタの土地利用は、大きく分けると、北部（カンボジアとの国境）の氾濫原の浮稲、中部の新デルタでの2回移植稲、下流域の移植稲という農業形態が特徴で、海岸部にはマングローブの林がずいぶんと残っていた[10]。

1970年代の土地利用に比べると、1990年代にスケッチされた土地利用の多様性には目を見張るものがある。この点について、カントー大学資源環境科学部のグゥエン・フー・チム（Nguyen Huu Chiem）の卓越した研究で確認しよう（図7―1）。チムは、1989年に京都大学へ留学し、はじめに高谷好一の指導を受け、最終的には熱帯生態農学を専門とする古川久雄のもとで、博士論文、*Studies on Agro-ecological Environment and Land Use in the Mekong Delta, Vietnam* を執筆して、1994年に博士号を得ている。チムの下でＪＩＣＡ青年海外協力隊として活動した経験のある、中山隆二《りゅうじ》（ＪＩＣＡ調整員）の紹介で、わたしはチムと出会い、対話を深めていった。

チムによれば1990年代のメコン・デルタでは、21類型もの多様な土地利用形態が見いだされたという[11]。北部の浮稲が消滅し、2期作地帯が出現、メコン・デルタ全域に高収品種による作付けが見られる。新デルタにはカンキツをはじめ専業の果樹園地帯が出現した。海岸部ではマングローブ林が姿を消し、粗放的なエビ養殖が隆盛した。メコン・デルタの中部から東部の海岸線、南部、南西部の海外線へと至るあいだのエリアで、微細な変化に対応した、こまごまとした組み合わせの土地利用形態が収録されている。

図 7-1　マイクを握るチム
チムとカントー大学での JICA セミナーで講演
出所：2020 年 1 月 8 日撮影

海田はこの展開を「限界状況へ挑戦するベトナム人の気迫」と表現している。[12] ベトナム戦争の後、人々は村に戻り、水路を修復し、集落と農地を再生した。しかしながら、「市場がほとんど閉ざされていたために、村びとたちの経済活動は活気づくことなく、まるで火が消えたような状態で10年を空費した」[13]。それが1986年のドイモイの影響が大きく、経済の自由化を受けて土地改変が一気に進んだのである。

では、さらに20年が経った2010年代のメコン・デルタではどのような土地利用がされているだろうか。わたしはチム（1993、1994）を精読した上で、手元に持ちながら、1990年代から2010年代までのメコン・デルタの土地利用の変化を、チムと対話しながらフィールドワークを重ね、考察をまとめた。結果として現在では、全体的にやや単調な土地利用形態となってきているという。チムの洞察を、4つの代表的なエリアにまとめて記述していこう。[14]

（1）メコン・デルタ北部のカンボジアとの国境付近では、かつて一般的であった浮稲は消滅し、ほとんどの農地が輪中方式による二期作（場所によっては三期作もできる）に転換した。米の生産性は格段に向上したが、環境や生物多様性は逓減《ていげん》している。農地は集約化され、魚の採集を兼業としていた零細農民は住めなくなった。低地帯であるため氾濫源として機能していたのだが、輪中をつくり土地を囲い込んだため、流水は土地に吸収されることなく、大量の水が下流方向へそのまま流出する。

（2）ヴィンロン、カントー、ミトーを結ぶ一帯の新デルタは、「アクティブ・デルタ」とも呼ばれる。非常に生産性の高い地域。現在も堆積作用がすすみ、潮汐による一日の水位変動が大きく、新鮮な水が循環する地域である。とくに河川や運河に沿うエリアはかねてより肥沃なエリアであり、凸凹をつくりながら水を回し、田んぼだけでなく、各家の果樹園、野菜畑、養殖池等に利用できる。果樹（カンキツ、マンゴー、ココナッツ、ザボン）がよく育ち、米もよく取れる。水も土壌もよくて、洪水は少ない。このあたりの土地利用や生産形態は1990年代からほとんど変わっていない。そのためカントーに代表される中部都市には人口が集積し、工場の立地も進み、物流を支える道路や橋梁などのインフラ整備も進んでいる。こうしたこともあって、都市が拡大し、都市近郊農地では、家禽類（主に豚）の飼育をやめるところが増えている。利用可能な土地がどんどん限られ、産業の立地や都市化、交通の高速化による環境汚染が顕在化してきている。

（3）メコン・デルタの南部、特にソクチャン、バクリュウでは、1990年代にマングローブ林がほぼ消滅し、エビ養殖を主として、他は水田に置き換わっていった。現在もエビ養殖と水田という土地利用が基本型である。エビ養殖は、粗放的な養殖形態がまだまだ主流である。少ない投資と労力で自然改変をして養殖業を営むかたちだ。今のところ完全な介入ではなく、単純な介入であるが、少しずつ集約型のエビ養殖も拡がってきており、将来的な環境影響が懸念されている。またこのエリアでは、ほとんどなくなってしまったマングローブ林の違法伐採が今でも続いている。マングローブからつくった炭は高値で取引される。

（4）メコン・デルタの東部のベンチェ方面は、海岸地域でも少し特徴的なエリアで、海に近いが土壌の塩性が少なく、ココナッツがよく育つ。現在では野菜生産も行われており、水産養殖業も含めた複合的な第一次産業（Agri-Aqua-Culture）が、少しずつではあるが、目指されている。ただ、商業生産のためのココナッツは大量の農薬を用いてつくる。オーガニックに転換できるとよいがなかなか難しい。南に下ったチャビンは、海岸複合地形（砂丘、潟、マングローブ）に沿った集住と農業・土地利用の形態があまり変わっていない。開発が本格化していないエリアである。

3　風景をつくる暮らし方

ではメコン・デルタの土地利用の変化や自然環境の変容を捉えつつ、個々の村レベルでどのような修景が行われているのか。その際、何が特徴となるのか。海田（1995）にヒントが示されている。それは生活基盤としての「水辺の景観」とそれを支える舟運への注目である。メコン・デルタに張り巡らされた水路景観の特徴を、海田は次のように捉える。[15]

メコンデルタの地形的・水文的環境と開拓過程からいって、舟運が発達していることは頭では理解していたつもりであるが、今回（1994年8月）ボートを使ってあちこちに移動してみて、このデルタには辺境がないなぁという実感をもった。ボートでどこまでも入っていけるのである。また、デルタの大半の水路は感潮し、1日に2回流向を変える地域も広く、そういうところでは流れを利用して流されて川を下りまた流されて川を遡れば、手漕ぎのボートでも楽に行き来できる。デルタ中に張り巡らされた水路には常時新鮮な水が流れている、というメコンデルタだけに恵まれた条件は、このデルタに特有の土地利用や集落形態や舟運のかたちを決めると共に、この広いデルタにある種の均等性をもたらしているようだ。このことが、「辺境がない」という印象につながるのかもしれない。

水路沿いの家とその奥に広がる野菜畑、果樹園、水田からなる肥沃な水郷集落の景観、それは今でも、メコン・デルタ（特にアクティブ・デルタ）の空間的な特徴である。穏やかな水路景観の表情と緑深い水辺空間の豊かさ、それらを守るのは舟運である。海田によれば「舟運を放棄した水路は、たとえ灌漑などの機能は保てても、ゴミ溜めのごとくに汚れ水質は悪化し景観として荒れてゆくことは、日本のみならずチャオプラヤ・デルタなどでも証明ずみである」[16]。また「辺境がない」という表現は、展開力があることを示唆している。よい取り組みや成功モデルは、瞬く間にデルタ中の農村に展開するという特徴がある。

海田（1995）を手元に置きながら、わたしはチムと再び深く対話した。海田の書いた日本語のテキストを訳してチムに伝えながら、海田とチムのまなざしを、さらに20年ぶりに重ね合わせていった。チムは言う[17]。

ドイモイの後、村の人たちは水路の使い方、管理の仕方を忘れてしまった。水路のメンテナンス、ケア、再生、これを村の人たちの気持ちと経済的な利益とを合わせてやらないといけない。道路と橋が整備されて、村の交通体系が大きく変わっている。そのなかで水路の価値をもう一度見直す必要がある。舟も手漕ぎのものからモーターボートになった。水路環境の悪化を今止めないと、メコンデルタ農村は大きな価値を失うだろう。

わたしは、相づちを打つ。チムは語りを続ける。

水路環境の悪化は、農地に大量に撒かれる農薬や化学肥料のせいでもある。水路を水草が埋め尽くし、舟が通れなくなっている。それだけでなく、頻繁に洪水が起こるようになった。農業も生活もオーガニックに転換していく道筋をたてないといけない。バイオマスを循環的に利用する生活だ。廃棄された生ごみから肥料をつくる。それを農地だけでなく養殖池にも入れる。集落にあるバイオマスを投入してよいクオリティのバイオガスをつくる。

私の研究室では、水草を直接投入してよいバイオガスを発生させる研究もしている。成果も出てきた。再生バイオマスで電力も起こす。こうしたことをやって、農家の収入をつくりながらすすめていかないと何もできない。農家の収入を確保しながらオーガニックの農地と暮らし、豊かなウォーター・フロントをつくる。水郷集落を修復する。

メコンデルタの土地利用は、これまでもそうだし、これからも、常に、グローバルな経済需要にあわせてその姿をしたたかに変えていくだろう。グローバルなマーケットに高い品質で応えるオーガニックの農業に転換する、生活全体をオーガニックにする。これまでの米とカンキツだけでなく、水産や養殖、家禽も含む複合的な「農」のかたちをオーガニックにつくる。エネルギー・農業とリンクしたバイオガス製造や堆肥生産を行う。「コミュニティ・バイオガス」がキーワード、村びとたちが力を合わせる仕組みを立ち上げよう。こういうかたち以外にこれからのメコンデルタ農村が生き残る道はないように思う(no choice)。

さいわい、メコン・デルタに張り巡らされた水路システムがかたちづくる水辺の集落空間は、まだ生きている。大きな潮位変動によって1日に2度も流向を変えて、新鮮な水がデルタの隅ずみに勢いよく行きわたる。この自然の力が生きている。この恵みを生かしながら、チムの描くオーガニックな暮らしへと転換していければ、確かに、メコン・デルタ農村は未来への確かな歩みを示せるようにわたしは直観した。

暮らしから出るゴミや廃棄物が環境を汚染する。廃棄物を出す住民が自ら再生バイオマスに取り組み、有機物を自然に排出せず、堆肥として農地に埋め戻す、あるいは暮らしのなかで電力や熱として自給的に利用する。そういう方向で暮らしの小さな工夫を積み重ねていくアイデアである。

思考の深化のために

わたしは、高谷と海田の経験を引き継いだチムと、カントー大学の彼の弟子たちと共に、ハウザン省タンフータン村で、「コミュニティ・バイオガス」のシステムを開発して導入した。

タンフータン村は、70%が農地であり、カンキツ(種なしレモンと種なしライム)、マンゴー、ドリアン、ジャックフルーツといった果樹栽培が盛んである。農家のうち80%が自作の土地をもち、住民の75%が中学校を卒業している。教育のある自作農民に支えられたこの村では、集約的な農業生産法人が組織されている。品質管理を徹底することで、オーストラリア、カナダ、インドなどへカンキツを輸出しており、それによって高い収益を得ている。

村の役員会でなされた議論では、自然環境を守り、農業生産の基盤再生に投資して、農業生産を増やすことができれば、多くの村人に行きわたるかたちでタンフータン村の社会経済を発展させることができる、という見方が共有されていた。そのためには、とにかく自然環境をよいレベルで守っていくことが重要だと結論した。特に2010年代以降は、道路と橋梁が村の水路を横断して建設されたことで、水路交通が遮断され、また家庭から出されるごみや排水が滞留している場所がある。そういった場所では水が排水されず、水質環境が急激に悪化し、生活環境を悪化させていた。農業のための水というだけでなく、豊かな村の表現として水の流れを再生する、そういった視点で修景にチャレンジしてみてはどうか。

チムとわたしは、メコン再生バイオマスプロジェクトを立ち上げ、エネルギーを集約的に利用する村の拠点として、食品加工所と薬草サウナをつくることにし、そこに「コミュニティ・バイオガス」を設置した。特に薬草サウナへの住民ニーズは高く、拠点内に畑をつくり、伝統的な薬草を植えた。村の人々が健康と身体を気遣い、注意を向け合うことでコミュニティ・ケアの拠点ともなるだろう。食の魅力づくりでも、こうした伝統的な薬草を活用してみたいという声が聞かれる。これらの施設で利用する熱のエネルギー源として、養豚ふん尿、稲わらやバガスなどの農業残渣、淡水魚の養殖汚泥、家庭の生ごみなどの廃棄系バイオマスを回収して、バイオガスを生産するガスフォルダを設置した。村の人々とカントー大学の学生が協力して、これらすべての工事を手仕事で行った（次頁の図7—2）。

COVID-19の影響で、コミュニティ活動や対外的な活動はストップしているが、その間にできることとして、村では水路の再生に着手したようだ。外から人が訪れる村にするためには、水路を再生し、舟運を再開し、水路のもつ多層的な意味を回復させる必要がある。美しさや懐かしさ、癒しと安心な食を求めて、国内外からの観光客が集まるようになる日も近いのではないか。住民やカントー大学の学生がガイドとして、村の暮らしを案内し、その土地の自然から学びながら、手仕事で再生した暮らし方を解説する、実演する。そんな日が訪れることをわたしは楽しみにしている。

冷戦やベトナム戦争、世界経済の大きな影響を受けながら、景観をつくり直し、暮らしを立て直してきたメコン・デルタの農村。メコン・デルタは、これから気候危機の影響を大きく受けることも予測されている。それでもこれまで、さまざまな危機に直面しても、小さな土木工事を積み重ねて、ネットワークを張り巡らせてしたたかに適応してきたメコン・デルタの人々。景観の連続性と適応に、しなやかさと強靭さが表れている。

さて、タンフータン村は、COVID-19の影響を受けとめ、どのような姿を現すのか。何となく今回も大丈夫な気がする。この2年のあいだも、計画していた活動は、結果的に予定通りに進行し、完了したのだから。どうして上手くいったのだろう。何がメコン・デルタの暮らしの強さなのだろう。彼ら／彼女らは、しなやかでキレがあり、危機のなかでも

図 7-2　コミュニティ・バイオガスプロジェクトの手仕事工事（タンフータン村）
出所：Thuan Nguyen Cong より提供

何もなかったかのように日常の暮らしを営んでいる。その意味内容を分析し、言葉にするためには、今のわたしには時間も経験も足りない。タンフータン村でのフィールドワークを再開した後に、機会を改めてお伝えしたい。

注

（1）Nguyen Huu Chiem, Nguyen Van Cong, Nguyen Xuan Loc, Nguyen Cong Thuan, Tran Sy Nam, 2019, Agro-Eco System and Land Use in the Mekong Delta (Non-publication, International Workshop on Community Biogas in the Mekong Delta coordinated by Tokihiko Fujimoto and Yusuke Shiratori, （２０１９年8月13日）Viet-Uc Hotel, Bentre, Vietnam）: pp.8～10.

（2）高谷好一、１９９０年『コメをどう捉えるのか』ＮＨＫブックス：１３５～１４０頁

（3）矢野暢編、１９８３年『東南アジア学への招待（上）――新たな認識を求めて』ＮＨＫブックス：41～42頁

（4）矢野暢編、１９８３年前掲：63～64頁。１９６０年代に近代的な育種技術を駆使して新しい高収量品種が次々に開発された。これを総称して「緑の革命」とよぶ。海田によれば、IRRI（International Rice Research Institute）の高収品種がメコン・デルタに最初に導入されたのは１９６７年頃のことだという。ベトナムではTN（Thang Nong）と呼ばれ、ヴィンロン、カントー、ミトーを結ぶアクティブ・デルタに取り入れられつつあった（海田能宏、１９７５年「デルタ稲作農業の自然環境とデルタの開発構図」『東南アジア研究』第13巻（1）：69～70頁）。チムによれば、高収品種（IR-5, IR-8）がメコン・デルタの全域に定着するのは１９８３年頃のことである。１９７８年にメコン・デルタ全体が被害を受ける大洪水があり、多くの在来品種が消失し、土地もダメージを受けたことで、政府がデルタ全体への導入を本格決定した経緯がある。導入後の１９８７年、88年頃には輸出を開始できる生産量に到達したという（Nguyen Huu Chiem et al., 2019　前掲：15頁）

（5）海田能宏、１９９７年「開発パラダイムの転換」京都大学東南アジア研究センター編、１９９７、前掲：５２７頁

（6）海田能宏、１９９０年a「稲作と水利」、高谷好一編『講座東南アジア学　第2巻　東南アジアの自然』弘文堂：２０２～２０３頁（カッコ内は筆者加筆）

（7）海田能宏、１９９０年ｂ「農業・農村研究と『風土の工学』」、矢野暢編『講座東南アジア学　第1巻　東南アジア学の手法』弘文堂：２８６頁
（8）海田能宏、１９９０年ｂ前掲：２９６～２９７頁
（9）海田能宏は、１９７４～77年のあいだメコン河下流域調査調整委員会（通称、メコン委員会）に招聘された。「この頃高谷さんとは、デルタ全体を2か月かけて2回続けて見てまわるというようなことを、何度もやっていた。国連は、高谷さんの卓越した発想とユニークな見方を信頼していた。高谷さんの視点でメコン河流域をプランニングしたらよいという期待をもって、メコン委員会に同じ研究グループの私が呼ばれたのだと思う」（２０１７年12月８日インタビュー）。
（10）海田能宏、１９７５年前掲。詳細な調査結果が、１９７４年発行の『東南アジア研究』第12号（２）、及び、１９７５年発行の『東南アジア研究』第13号（１）にまとめられている。
（11）Nguyen Huu Chiem, 1993, Geo-Pedological Study of the Mekong Delta,『東南アジア研究』第31号（2）：１５８～１８６頁で、チムは、土壌調査と花粉分析からメコン・デルタの発達史を科学的に同定している。Nguyen Huu Chiem, 1994, Former and Present Cropping Patterns in the Mekong Delta,『東南アジア研究』第31号（４）：３４５～３８４頁では、１９８６年の経済の開放後に生じたメコン・デルタの多様な土地利用を丁寧な観察でスケッチし、それを模式化して示している。
（12）海田能宏、１９９５年「20年ぶりのメコンデルタ紀行」『東南アジア研究』第33巻（2）：２６８頁
（13）海田能宏、１９９５年前掲：２７６頁
（14）２０１８年1月26日、及び、２０２０年1月14日インタビュー
（15）海田能宏、１９９５年前掲：１７６頁（カッコ内は筆者加筆）
（16）海田能宏、１９９５年前掲：２７７～２７８頁
（17）２０１８年10月16日、17日インタビュー

第8章 復元

消えるまち、生まれ変わるまち

本章の舞台　ドイツ、ザクセン州の「最も美しい村」

本章のテーマは、復元である。本章の舞台は、第二次世界大戦後に分断地域となった「東ドイツ」である。1961年8月13日に、東西間の国境封鎖のために築かれたベルリンの壁は、1989年11月9日に壊された。1991年のソ連崩壊に端を発した東側世界（ソ連と東欧）の大崩壊と、冷戦構造の終焉という世界史上の大事件から30年が経った。こうした世界史の磁場となった「東ドイツ」地域を、今どのように捉えることができるか。特に、大きな社会構造変動の影響を受けた農村はどのようになっているのか。東西ドイツの合併後、個々の農村や人々の暮らしの自立、コミュニティやネットワークはどのように復元しているのか。

本章では、ドイツ・ザクセン州に2011年に誕生した「最も美しい村」をフィールドワークした経験から、「生まれ変わるまち」のプロセスを解き明かしたい。結論を先取りすれば、地域の復元は「饗食《きょうしょく》」、つまり共に食べることから始まっていた。食を中心に人々が寄り添う。共に食べるということにどのような意味があるのか。なぜ饗食のための飯場（東ドイツではパン工房）を復元することが地域再生の象徴になるのだろうか。

1　「東ドイツ」の今をどう捉えるか？

自然地理学者の高谷好一は、ヨーロッパを一つの世界単位のまとまりとして捉えず、「中央の農地を基盤にした地域と、南北の2つの海（南は地中海、北はバルト海と北海）を舞台にした地域」[1]に大きく分ける。高谷によればヨーロッパは、「もともとは森と海の世界、そこに比較的最近になって地中海方面から文明が流入して急速に展開した国々」[2]から成る。森の世界はドイツであり、中央の平原にフランスが、そして大陸の北西部にオランダ、その先にイギリスという海の世界が広がる。

高谷は、ドイツを「森の領邦国家」[3]として特徴づけた。領邦国家（テリトリウム）とは、巨大な王国から独立して存在する小さな諸侯国を指し、領邦君主（ランデスヘル）によって支配される小国である。この点について、歴史学者の鯖田豊之による解説を補うと、「いちばんひどいときは、総計300ぐらいの領邦君主と帝国都市がドイツを分割した」[4]、といわれている。中央集権ではなく、小規模分散の領邦国家がドイツに育った生態基盤について、「何せここ（ドイツ）は山地や丘陵で、パリ盆地のような平坦地がないから大勢力の育つ生態的な基盤がない」[5]と、高谷はいう。

では、「東ドイツ」とはどのような地域なのか。歴史的にみれば、東ドイツは、ヨーロッパの歴史を胎動させた土地だ。375年に、中央アジアの遊牧騎馬民・フン族が西進して、東ゴート族を征服させるや、その隣にいた西ゴート族は、ローマ帝国の保護を求めて、大挙してドナウ河を越えた。ノルマン以外のほかのゲルマン民族もそのあとを追った。いわゆる、ゲルマン民族の大移動である。

鯖田は、「ヨーロッパの形成は、文化的には、大移動にふみきったゲルマン民族が、ローマ社会やガロ・

ローマ社会に蓄積されていた進んだ文化に接触し、それを取り入れる過程だったのであるまいか」、と問いをたて、「ゲルマン民族の大移動は、ヨーロッパの歴史の出発点だった。かれらの大移動がなければ、ヨーロッパ人種もヨーロッパ世界も形成されようがなかった」、と結論づける。[6]

移動と人種混血をすすめたゲルマン民族が、ギリシャ以来の古典古代文化やキリスト教文化と出会い、それらを吸収するなかで、ヨーロッパの原型がつくられていった。８７０年のメルセン条約で、ドイツ（東フランク王国）、フランス（西フランク王国）、イタリア王国の3国の基本的なまとまりができたのち、９１１年にドイツ王国、９８７年にフランス王国がそれぞれ成立する。

ゲルマン民族の大移動後、空白地帯となっていたエルベ河の東には、スラヴ民族が進出していた。カール大帝をはじめゲルマン民族は、幾度となく失地回復をはかったがうまくいかなかった。12世紀初頭には、エルベ河がスラヴとゲルマン両民族を分ける境界線のようになっていた。

12世紀後半にかけて、ゲルマン民族が東方への進出に再び成功する。エルベ河からオーデル河のあいだがドイツ系諸侯の支配下にはいり、ドイツからの移民が流入した。オーデル河は、現在のドイツとポーランドの国境線となっている。その後も、ドイツは、バルト海沿岸に都市化をすすめ、14世紀末には、ドイツ人の居住区は従来の3分の1ほど拡大した、といわれている。この歴史的な動きは、「東ドイツ植民運動（ドイツの東方運動、ドイツ人の東方居住）」と呼ばれる。[7]

第二次世界大戦後の１９４９年、東ドイツには、旧ソビエト連邦の占領地域として「ドイツ民主共和国（Deutsche Demokratische Republik：DDR）」が建国され、それが１９９０年まで続いた。第二次世界大戦の激戦地となっただけでなく、この地域は、冷戦下の大きな社会経済変動にさらされた経験をもつ。

1945年7月17日から8月2日にかけて開催されたポツダム会議では、ソ連占領下のうち、東プロイセンの北半分をソ連が管轄する以外、オーデル河・ナイセ河をドイツとポーランドの国境として、オーデル・ナイセ線以東がポーランドに引き渡されることが決まった。第二次世界大戦の敗戦から1950年までに、このかつての東部ドイツ領から約430万人のドイツ人が追放され、ソ連占領地区の東ドイツはその多くを受け入れた。(8)

このようにして東ドイツは、1989年のベルリンの壁崩壊と「平和革命」(9)によるドイツ再統一、1991年のソ連崩壊に端を発した東側世界(ソ連・東欧)の大崩壊と、冷戦構造の終焉という世界史上の大事件の磁場ともなった。

2 まちを復元した人々

ザクセン州の「最も美しい村」

ザクセンでは、エルベ河の流れに沿うように町が形成され、山と森のなかに小さな村々が点在する。村は、州内に約3300村あり、ゲルマンだけでなく、フランクやスラヴィックのルーツをもつ村も多い。このようにゲルマン、フランク、スラヴの混じり合う文化と社会、折り重なる土地と人(移動と人種混合)の歴史を守る運動として、2011年にザクセンの「最も美しい村」(Sachsens Schönste Dörfer)は結成された。

2019年時点で、オーバークンナースドルフ(Obercunnersdorf)、ヒンターヘルムスドルフ(Hinter-hermsdorf)、シュミカ(Schmika)、シュラークヴィッツ(Schlagwitz)、スタンゲングリュン(Stangengrün)、フランケン(Franken)、ドライスカウ・ムッカーン(Dreiskau - Muckern)、ヘフゲン(Höfgen)、オーターヴィッツ（Auterwitz）、ローレンツキルヒ（Lorenzkirch）、ナウシュタット（Naustadt）の11村が加盟している。

ザクセンでは、5000人を超えると町（Town）となるため、村の規模は5000人以下である。実際は、200～300人程度のまとまりであることが多く、加盟村のなかには4世帯という村もある。加盟村では、比較的大きな村でも700名程度であり、村のカテゴリーのなかでも小さな村から、ザクセンの「最も美しい村」は構成されている。

ザクセンの「最も美しい村」連合の設立にあたっては、ザクセン州・環境省職員のマーカス・ティーメ（Markus Thieme）、都市計画・地域開発コンサルタントのヨハネス・フォン・コルフ博士（Dr. Johannes von Korff）、オーバークンナースドルフ村のヨーゼフ・ケンピス村長（Josef Kempis）が発起人となり、中心メンバーとして運営に参加している。

住まいの復元

ザクセンの「最も美しい村」は、伝統的建築物の保全と再生に力を入れている。ザクセン州南部から東部のチェコ、ポーランドと国境を接するエリアには、ウムゲビンデハウス（Umgebindehaus）と呼ばれる、特徴的な建築様式がある（図8―1）。

この建築は、12世紀にゲルマン系の民族がこのエリアに入り直した頃に端を発し、13～15世紀の間に完成したといわれている。1階部分は、スラヴ様式の石組み基礎（薪ストーブをこの部分に設置する）と木造の部屋

図 8-1　オーバークンナースドルフ村のウムゲビンデハウス
出所：2018年3月9日撮影

から成る。この1階部分を木造の基礎で覆い込んで、その上に、2階と屋根裏をドイツ様式の半木骨構造で組み上げていく。材料は、石材、木材、藁、土（粘土性の高いローム）であり、いずれも村の周辺から調達される。屋根や外壁もまた、平タイルと石板を組み合わせた素材からつくられたものが使用される。

ケンピスによれば、「オーバークンナースドルフ村で一番古いウムゲビンデハウスは、1580年に建設されたものである。今でも人が住んでいる[10]」、という。ケンピスは、伝統工法のリノベーション工務店を経営する経営者でもあり、息子と職人たちと共に、ウムゲビンデハウスの再生と保全に取り組んでいる。この修景活動は村の個性的な景観表現となり、オーバークンナースドルフ村はヨーロッパ各地から観光客が訪れる村となってきている。

移住者の受け入れ

ザクセンの「最も美しい村」は、移住者を受け入れる仕組みづくりと移住希望者へのプロモーションに力を入れている。1990年の東西ドイツ統一以降、DDR時代に各村にあった小さな手工業の工場が自由化によって閉鎖されたことで、仕事がなくなった村は多い。また、競売に出されたダンスホールや集会場などの大型建築物は、多くが村外や国外の投資家に購入されたものの、その後メンテナンスがなされず所有者と連絡が取れなくなり、倒壊の可能性があるものの村側ではどうすることもできない、という建物もある。

この点について、コルフは次のようにいう[11]。

ＤＤＲ時代は、貧しくとも村に工場があり、仕事があった。人々は村で生活していた。統合後の自由化によって、多くの村で工場が倒産した。仕事がなくなり、若者は住めなくなった。子供が生まれないから学校もない。農地も自由化した。いっけん、農業が豊かな村に見えても、農地の所有者は村の人でない場合も多い。西ドイツや国外の投資家が農地を購入して大規模に農業を行っている。農業は盛んだが人は住んでいない村もある。統合後は、西側からの社会資本投資によりインフラが格段に良くなった。村に暮らしていても、毎日車でドレスデンやライプツィヒ、イエナへ働きに行くことができる。高速道路が村と都市をつなぎ、危ういバランスで共生させている。それが今の都市と農村の関係である。

ザクセンの「最も美しい村」は、ＥＵ共通地域政策と連携しながら、移住希望者のための相談会を開催している。移住者は、空き家をどのように取得し、どういう方法で修復していったのか。移住希望者は、実際に復元された家のなかで、建物に触れ暮らしを感じながら説明を受ける。そのあとで、村のなかの他の移住者の家を見てまわったり、村を歩きながら、村に残る伝統建築の空き家を紹介されたり、水の利用や畑の状況、上水道・下水道の整備状況、その村の農業や地域の産業について説明を受ける。伝統工法の職人を集めた技術の意見交換会も開催され、改修の実演を兼ねたワークショップが行われる。

ワークショップのあとは、村の中心にあるパン工房に集まって、パンを焼き、コーヒーを淹れ、ワインを飲む。「最も美しい村」の村人は、まる1日をかけて移住希望者と丁寧に交流する。こうした積み重ねから、「最も美しい村」に暮らす人々が、少しずつ増え始めている。

3　食を中心に人々は寄り添う

オーターヴィッツ村

コミュニティ復元の核には「食」が特別な意味をもっているとわたしは直観した。例えば、オーターヴィッツ村では、コミュニティの拠点として、村の中心にパン工房（図8―2）が再生されていた。DDR時代には、配給された小麦を持ち寄り集めてパンを焼くことで、「増やしてから」分けていたという。村を去る人々が多くなって、その習慣がなくなっていたが、移住者が増えてきたことで、パン焼き小屋を修復し、今ではまた村人が毎週集まって小麦を出し合い、さまざまな種類のパンを焼き、それを来訪者と分かち合い、饗食する。パンが焼かれる週末には他出者も戻ってきて食を分かち合う。

「子どもの頃、自分の好きな色とりどりの具をのせて、自分だけのピザを焼いた想い出がある。それが懐かしくて、ずっと好き。今はこの村に住んでいないけれど、パン焼き小屋が再生したことで、帰る場所ができた気がした。近いうちにこの村に帰ってきたい。そのためにこの村の近くで仕事を探し始めたんだ」。このように語ってくれた若者ともわたしは出会った。(12)

飲食の分かち合い、すなわち饗食を中心としてコミュニティを復元することについて、別の事例をみてみよう。スタンゲングリュン村は、キルヒベル

図 8-2　再生したパン工房
出所：オーターヴィッツ村で、2019 年 9 月 28 日撮影

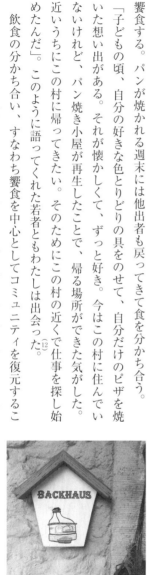

クの自然保護区内の標高400〜500mほどの谷筋にある。1200年頃にフランクの移住者によって入植されたこの村には、現在、600人ほどが暮らす。1990年の東西ドイツ統一以降、周辺部の人口が30〜35%減少したなかで、この村は2%程度のマイナスにとどまり、人口はほとんど変わっていない[13]。

スタンゲングリュン村

もっとも、その当時の人々・家族がそのまま世代を継承して暮らしているというわけではない。スタンゲングリュン村の産業についてみてみると、1945年に100軒の農家があったが、現在では専業農家が5軒（牛や山羊、羊の育種・交配を主とする畜産農家、搾乳農家も1軒ある）、兼業農家が11軒である。移住促進のための住宅が約20世帯分建設され、入居者で埋まっている。1773年に建てられたウムゲビンデハウスを、伝統建築の職人が移住して改修していた。村の産業として、1923年創業のエバート&ヴィヒセル（Ebert and Weichsel）社では、家庭用ブラシや掃除道具を製造し、33人の職人が正規雇用されている。その他、給食やスーパーマーケットの流通に供給するパン工場が、出身者によって村内に操業された。工場の一角には、住民向けのパン屋もオープンし、雑貨屋と美容室が併設されている。

村が息を吹き返した歴史を、村の出身者で、アメリカ・ニューヨークで建築家として活躍し、子育てのためにUターンしてきた女性が、わたしに一つひとつ教えてくれた。

スタンゲングリュン村では、医師のディートハルト・ヴィヒセル先生の自宅にホームステイした。彼はこの村に生まれ、DDR時代も医師としてこの村で過ごした。今も診療所に勤めている。統一後、彼は農家であった生家を改装し、村の農機具や古道具を集めて、地域農業博物館をオープンした。

その道具を使っていた人の写真や想い出と共に展示されたコレクション、それにヴィヒセルがその用途を実演しながら説明を加え、息を吹き込む。地域農業博物館の入り口、中央のスペースは開放されており、来客があれば、机を並べて食とワインを持ち寄り、それが尽きるまでおしゃべりをする。地域農業博物館は、生きた「生活博物館（living heritage）」である。

またこの村には、幼稚園があり、高齢者のためのデイケアセンターがある。１３１７年建設のセントメリーズ教会では、村の音楽団がいつも活動している。１９１１年結成の消防団は、クリスマス行事を取り仕切る。村の人々はカフェを併設する花屋でくつろぎ、１９０１年創業のレストランに集まっては、子どもの頃から変わらない味を確認する。

スタンゲングリュンの村人たちは、来訪者を迎え、食を持ち寄り、ワインが尽きるまで飲み交わす。最後に、村を紹介するプロモーションビデオを一緒に見る。幼稚園の子どもたちと共に遊び、教会で歌う。パン屋さんやカフェ、レストランがにぎわう。こうしたにぎわいのなかで、過去と現在が混ざり合っている。

食のコミュニティを再生することで生まれたにぎわいは、地域の自立の意志と豊かさの象徴だとわたしには感じられた。食のコミュニティが、交流を開いていく。そのことによって、また自分たちの暮らす地域の世界観を再確認し、住民はアイデンティティを再構成していく。自立の意志を強くもつ人々が創り出す暮らしは、村を個性的に再生させ、そのネットワークがザクセンの「最も美しい村」のかたちとリズムを整えている。

ドライスカウ・ムッカーン村

1980年代の東ドイツはソ連との関係悪化から石油が不足し、エネルギー源として褐炭の利用が増大していた。[14] 褐炭は暖房の熱源として大量に利用された。特にライプツィヒやハレのような南部の都市工業集積地では、生活由来の褐炭ストーブの煤煙と化学コンビナート由来の汚染により、大気汚染、森林破壊、地下水汚染、河川汚濁といった環境危機が深刻化していた。[15]

ライプツィヒに近い、ドライスカウ・ムッカーン村は、廃村の危機から再生した。1950年代以来、村は鉱業法に基づいて管理され、エスペンハイン・オープンキャスト鉱山の拡張的な開発のために住民は計画移転した。DDR時代が終わり、村の再生に着手したときの人口は50名程度であったという。その後再生計画をつくり、人々が移住し、幼稚園もでき、子どもたちの声が響いてくるようになった。村にはアーティスト・イン・レジデンスとして、そこに暮らすアーティスト自身によって復元されたウムゲビンデハウス群がある。アーティストにとっては広い創作スペースを確保し、子育ての環境を整えられる。こうして現在では400名程度が暮らす村が再生した。

村にはさまざまなベリーを植えてジャムを手づくりする農家がいて、幼稚園ではオーガニック給食が食べられる。アートとオーガニックで暮らしがつくられ、それがまちの復元を促している。

シュミカ村

ザクセンの「最も美しい村」のなかには、復元した村の全体を体験できるものもある。ドレスデン市内からエルベ河をチェコとの国境線まで上っていく、ザクセン・ボヘミア・スイス国立公園の入り口にあるシュミカ村である。

シュミカ村では、起業家が移住し、自家製ビールの醸造所とワインセラーが整備され、レストラン、ホテル、バー、自家製酵母のパン屋さんやピッツェリアが建設されており、長期滞在用のアパートメントもある。洞穴をリノベーションしたワインセラーもある。エネルギー面でも、太陽光と木質バイオマスを活用した自然エネルギーが活用されている。電気自動車が走り、薪でお湯が沸かされ、暖房も薪ボイラーであった。

2018年3月にわたしが訪れた際には、冬場の観光客受け入れのために、フィンランド・サウナとホットストーン・マッサージの施設が建設されたばかりで、温浴施設も併設されていた。国立公園内の冬用のトレッキングコースを整備し、ガイドも常駐していた。冬場にも関わらず多くの来客で賑わっており、近隣のホテルも満室であった。

「シュミカ村では、起業家が村に移住して、それなりの資本を投入してコミュニティ・ツーリズムのビジネスを立ち上げた。その土地にあるものを見つけ、活かし直し、価値を生み出している学びの多いモデルで、食・住・ツーリズムが複合したコミュニティ開発であり、今までにない特別なケース(16)である」、とコルフは評価している。

思考の深化のために

ザクセンの「最も美しい村」には、チェコやポーランドと直接的に国境を接している村もある。国境をめぐっては、労働市場をめぐって、国境を接するチェコやポーランドをはじめ東欧からの外国人労働者をいかに受け入れるかという問題がある。東西ドイツ統合直後の国境辺境地域（Zonenrandgebiet）では、東欧からの労働移住者と旧東ドイツからの移住者が職をめぐって競合した経験がある。[17] 戦争で国境線が書き換えられていった際の地域へのインパクトや、冷戦時代の社会経済構造とその後の変動を丁寧に見ていかなければ、こうした社会問題は解けないのかもしれない。

ただし、ザクセンの「最も美しい村」のフィールドワークからは違う風景も見えた。ドイツ側では人口が減り高齢化しているが、チェコ側では人口が増え、子どもが増えている国境の村も多いという。ドイツ側の「最も美しい村」の幼稚園や小学校でチェコの子どもたちを受け入れ、地域の教育機能を維持していくことはできないか。そうした試みもすすんでいる。

本章でみてきたように、ザクセンの「最も美しい村」は、個々の村の復元から、地域の本格的な生成／あるいは再生の途上にある。「今」その土地に暮らす人々が、住む場所を修復し、村を復元し、生活をつくり上げている。そうした暮らしの手ごたえが人々の生きる力を育み、地域の力を生み出している。ザクセンの「最も美しい村」を訪れるとき、わたしたちは、この暮らしから湧き上がる丁寧な強さと出会うのである。この強さこそが、復元を支える力となっている。

注

(1) 高谷好一、2010年『世界単位論』京都大学学術出版会：177頁（カッコ内は筆者加筆）
(2) 高谷好一、2010年前掲：168頁
(3) 高谷好一、1997年『多文明世界の構図――超近代の基本的論理を考える』中公新書：158～161頁
(4) 鯖田豊之、1994年『ヨーロッパ封建都市――中世自由都市の成立と発展』講談社学術文庫：219頁

(5)高谷好一、1997年前掲：160頁

(6)鯖田豊之、1989年『世界の歴史9 ヨーロッパ中世』河出書房新社：29～33頁

(7)鯖田豊之、1994年前掲：153～155頁。第二次世界大戦時にヒトラーが、大ドイツ主義の思想的基盤としてこの「東ドイツ植民運動」を再提起し、強力に支持したことから、反省の対象ともなっている。

(8)オーデル・ナイセ線以東より追放されたこれらの人々の多くは、農村部に収容された。ソ連占領地区の人口の約25%を占めた（河合信晴、2020年『物語 東ドイツの歴史――分断国家の挑戦と挫折』中公新書：17頁）。

(9)エーハルト・ノイベルト、山木一之訳、2010年『われらが革命 1989年から90年――ライプチッヒ、ベルリン、そしてドイツの統一』彩流社

(10)2019年9月30日のインタビュー

(11)2019年10月1日のインタビュー

(12)2019年9月28日のフィールドノート

(13)東ドイツから西ドイツへの人口移動について、1989年11月9日から2005年までの間に、約318万人が移住した。仕事の機会を求めた若者の社会移動が中心要因であったこともあり、旧東ドイツでは、高齢化と農村・地方都市の空洞化、地方財政のひっ迫という社会問題が複合的に生じた（河合信晴、2020年前掲：64頁）。

(14)1970年代、エーリッヒ・ホーネッカーの社会主義統一党は、ソ連からの原油供給を前提に経済計画を組み立てていた。1970年代後半以降、ソ連から原油の供給を受け、その石油加工製品を西ドイツなどの西側諸国に輸出することで外貨を稼いでいた。ソ連からの原油供給量の大幅縮減は、東ドイツ経済の基盤に打撃を与え、その対応からも石炭化度の低い褐炭が大量に掘り出されていった（河合信晴、2020年前掲：201～203頁）。

(15)小林浩二、1993年『統合ドイツの光と影』二宮書店：174～180頁

(16)2018年3月10日のインタビュー

(17)加賀美雅弘、1994年「国境開放による旧西ドイツ国境地域の変容――チェコとの国境地域についての研究事例にみる」、『東京学芸大学紀要 第3部門 社会科学』第45号：55～65頁

第9章 自治

集落で水道をつくるまち

本章の舞台　安倍川の源流、静岡市梅ヶ島地区

本章のテーマは、自治である。「限界集落」という言葉がある。限界集落とは、文字のとおり集落活動や集落での生活維持が限界に達していることを意味する。限界化の先は無住化し、集落は消滅する。日本のあちこちに、こうした限界集落が出現しているといわれている。集落が限界化するとはどういうことか。集落の限界化を決定的にする要因は何か。

本章の舞台は、安倍川源流域の山間地域、静岡市梅ヶ島地区である。梅ヶ島地区の人口は160世帯、328人（2021年9月）。最大時の1955年346世帯1855人から、50％以上の世帯、80％以上の人口を減少させている。梅ヶ島は限界地域なのだろうか。

山に集落が点在する梅ヶ島地区では、集落規模はもともと小さかった。その小集落で生活のための水を維持管理している。わたしは、生活のための水を自治しているこの暮らし方に注目した。「水を自治する暮らし域」、それが梅ヶ島地区の生活文化であり、地域の個性表現ではないか。生活のための水を自治する暮らし方を受け継ぎ、次にここに暮らす世代へと手渡していければ困らないのではないか。集落の息継ぎが必要だとわたしは直観した。

1　集落が限界化するとはどういうことか？

集落限界化のプロセス

地域社会学者の大野晃は、限界集落を、高齢化率と単身世帯の増加によって定量的に捉える考え方を示した(1)。

限界集落というのは、65歳以上の高齢者が集落人口の50％を超え、独居老人世帯が増加し、このため集落の共同活動の機能が低下し、社会的共同生活の維持が困難な状態にある集落をいう。

地域コミュニティを構成する世帯の消失を、高齢化と小規模化を指標として分析する方法は注目を集め、地方消滅論(2)へと至って、あらためて注目を集めている。

これに対して、大野による限界集落の定義の後半部分、「集落の共同活動の機能低下」や「社会的共同生活の維持困難」といった質的な規定に注目して、集落の復元力や強靭性に注目する研究もある。

林政学を専門とする笠松浩樹は、2003年の島根県での限界集落調査の結果を、以下の6つのポイントにまとめている(3)。集落が限界化していくと、(1) 活動（恒例行事や伝統行事）が不定期化・停止する。(2) 水管理ができず農業生産活動（稲作）をやめる。(3) 空き家と農林地の管理放棄（不在地主化、所有者の霧散）。(4) 他出者は戻ってこない。(5) 集落の維持より生活の維持（高齢化）。(6) 子どもとは一緒に暮らさない。

さらに笠松は、限界集落の人口減少がいつ、なぜ、どのように起こったのか、と問いを立て、匹見町（当時）における限界集落の発生を、産業構造の変化から捉えている。[4] 構造的な転換点は、１９６０〜１９７０年代にあるとして、以下のようなプロセスをたどるという。（１）１９６０年頃まで：生業は森林に依存していた。（２）戦後〜１９６０年：世帯・人口が最大となる。（３）１９６０〜１９７０年代：産業構造の変化によって人口・世帯の急減がはじまる。（４）１９８０年頃〜現在：在住者の死亡や高齢化によって世帯が消失する。

生産の基盤を森林に拠ってきた匹見町のような山村では、１９６０〜１９７０年代のエネルギーの構造転換によって、木材や炭、薪といった林産材が不振となった。工業地帯への出稼ぎがはじまり、農山村の人々は、労働力として都市に吸収されていき、そこで家庭を築く。山村に残ったものは、シイタケやミツマタの生産など、生業を転換させつつ生き残る道を模索したが、人口減少は止まらなかった。[5]

図９−１は、これらの調査を基に、笠松が、集落限界化のプロセスを模式化したものである。[3] 人口減少の初期段階では、集落活動はほぼそのまま維持される。人口減少がそのまま進むと、集落活動がゆるやかに衰退しはじめる。具体的には、役職の統合と廃止、常会（自治会の定期会議）の回数の減少、地域行事への参加回数の減少・簡略化といった変化が観察されるようになる。ただし葬儀、共同の草刈りや溝そうじ、雪かきといった生活面での集落活動はまだ維持される。

しかしながら、「臨界点」に達すると、集落活動は急速に脆弱化し、すべての集落機能が停止する。臨界点は、水害や地震などの自然災害による被災によって引き起こされることもある。復興への希望を住民が抱くことができなければ、限界化する。臨界点に達した後には、集落には高齢者ばかりが数名で残っている程度となっている。

笠松は、集落消滅と生活の維持についてヒアリングした結果を次のようにまとめている。(6)

高齢者しか存在しない集落では、どうやって集落を維持するかということ以前に、個々人の生活をいかに維持するかを最優先事項として考えなければならない状況になっている。

その一方で、当事者たる集落在住者は、生活の維持ができなくなった時や集落が消滅した時に、自身がどのように対処するかという最終的なビジョンを描けない。高齢の在住者にとっては身近に迫ったことであり、大きな不安を抱えてはいながらも、課題を解決する手段を持ち合わせていないと考えられる。

集落活動が停止しても、在住者がいれば生活はまだ残っている。生活を残した人々の不安を取りのぞき、サポートする。そうしているあいだに、Uターンや I ターンなどの移住者が来れば、集落は再生する。集落活動の消滅と無住化のあいだには、時間の猶予がある。

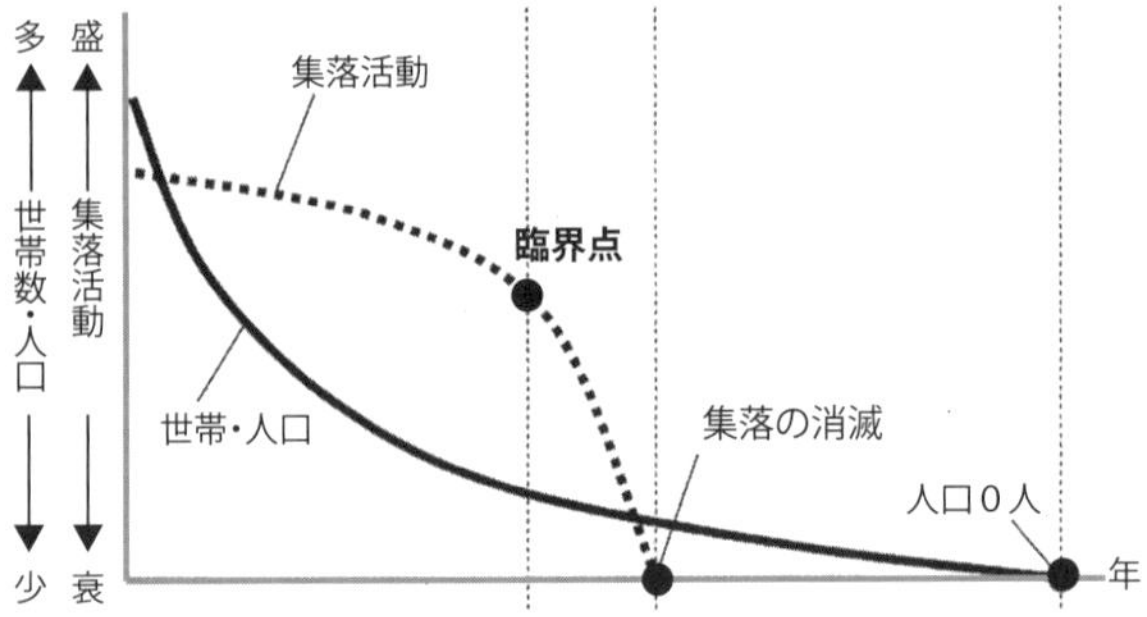

図 9-1　集落消滅プロセスの模式図
出所：注３に加筆

2　水道を守る集落からの問いかけ

梅ヶ島（静岡市）にて

次に、本章のテーマである自治について、生活のための水を自治する梅ヶ島の人々の暮らし方を研究しよう。水を自治するとはどういうことか。ここでは、生活のための水について考える。生活のための水はどのように得られ、利用されているのか。それを集落で維持するとはどのような営みなのか。水は生活のために必要であり、水が安定して得られないかぎり、家も集落も成立しない。水道から集落を考えることは、その集落の生活を根拠づけている基礎を確かめることでもある。

こうした問いを携えてわたしは梅ヶ島へ向かった。梅ヶ島へは、静岡駅から安倍川に沿って50㎞ほど車を走らせると到着する。行政運営の経緯としては、1889年に梅ヶ島村が入島村を吸収し、この範囲が現在の梅ヶ島地区にあたる。その後梅ヶ島は、1969年に静岡市に編入され、現在は静岡市葵区の一部となっている。総面積は92・27㎢で、そのうち93％は山地である[7]。人口は、旧梅ヶ島村が誕生した直後の1891年は、190世帯1142名。最大は1955年の346世帯1855名。わたしたちがプロジェクトを行った2016年の人口は、163世帯427名である。現在の人口・世帯数は、旧梅ヶ島村が誕生したときよりも少ない[8]。

梅ヶ島地区では、全域が静岡市の水道事業の給水区域外であり、すべての集落で水道組合を自主的に組織している。伊東さの子（静岡大学大学院）と共に行った2017年の調査では、梅ヶ島地区で17組の水道組合を確認することができた。水道組合は自治会や組など何らかの地域組織や集落単位と一致しているわけではなく、自治会のなかに複数成立したり、集落を越えて成立したりしているものもある。

ところで、水道事業の給水区域外であるとはどういうことか。水道法（1957年制定／2001年改正）によれば、水道事業とは「一般の需要に応じて、水道により水を供給する事業をいう。ただし、給水人口が100人以下である水道によるものを除く」（第3条第2項）とある。

なるほど、水道事業というのは、100人以上の給水人口がとりまとめられてはじめて事業として成立するものなのだ。地方自治体の水道局と契約して開栓するや、蛇口をひねれば出てくる水道とは異なる仕方で供給されている水道があるようだ。この点について、地理学者の新見治が次のように考察している。(9)

水道普及率のかなり低い市町村も多数存在するが、これらの中には、環境庁の名水百選に選定された秋田県六郷町、福井県大野市、愛媛県西条市などの水都も含まれている。これらの地域では、豊富で水質的にも優れた地下水や湧水を各家で利用しており、あえて公共の水道施設を必要としない状態にある。とはいえ、工業や消雪用地下水の過剰開発によって、井戸がれや地盤沈下などが発生したところもあり、住民と自治体は自らの生活と環境にかかわる問題として地下水管理のあり方を模索している。他方、中国地方の内陸部などにも水道普及率の低いところがある。ここでは集落が各水系に分散していること、大量の水源の確保が困難であること、さらに良質の地下水や谷水が得られたこともあって、小規模分散型の水利用体系が支配的であり、全域をカバーするような水道施設の建設は一般的ではなかった。

水道が普及していない地域のなかには、地域住民が生活のための水を自給し、自治してきた場所がある。

それはどのような条件、方法、範囲、組織で可能となっているのだろうか。現在どのような課題に直面しているのだろうか。本章では、水道法で定められた水道事業の対象外である「給水人口が100人以下の水道」で、集落が建設し、維持・管理しているものを「集落水道」と定義する。公益水道の未普及地域を、「水を自治してきた地域」と捉え直してみることから、集落の自治力を明らかにしたい。

大代集落

梅ヶ島地区に位置する集落の一つ、大代集落についてみていこう。標高700mに位置する大代集落には、10世帯が暮らしている[10]。茶を主とする農業と、林業、土木工事との兼業で生計を立てている世帯が多い。集落は山の峰を伐り拓いたように形成されており、水をどのように得ているのか想像がつかない。

大代集落の住民に聞いたところ、1960年代に集落住民の手によって集落水道を整備して以降、50年以上にわたって集落住民で水道を管理しているという。大代水道組合の給水範囲は、同一集落内で完結している。一般家庭12戸、公会堂（集会所）、消防小屋、茶工場、別荘1戸、静岡大学宿舎1戸である。その他集落内の農地や畑にも給水している。

大代で集落の将来への不安が語られる際には、生活のための水の心配が顔を覗かせる。集落住民の半数以上は65歳以上である。2016年当時、集落に居住している子育て世代は2世帯のみで、その他は他出していた。

「村は人が減っているし高齢化も進んでいる。茶にしろ生活にしろ、できないことはこれからどんどん増えていく。それにどう対応していけるのか」。「水もとの世話がしんどくなってきた。当番のときに止まるのが心配」。「自分たちの体が動くうちにできることをしておきたい」。「10年でも20年でも、住む人がおらぁ住み続けられるようにしておきたい」。集落の将来に不安を抱えつつも、大代の人々は、残るものたちへの想いを語り、先達の責務を果たさんとする想いもまた力強くある。集落に残って暮らしていく意思を示す若い農家は、新たな事業創生や将来的な移住・定住者のためにも、安定した水道システムを確立したいという。

大代集落の生活のための水はどこから、どのように得られているのか。いかなる仕方で管理されているのか。課題は何か。そして、将来への不安をどのように和らげることができるのか。

水当番

図9―2は、大代集落水道の全体図である。生活のための水は深沢と呼ばれる渓流から直接取水されている。集落から取水口までは、北西へ1・7㎞、高低差140mの山みちを歩いていく。大代住民は、取水口のことを「水もと」、取水口までの道を「水みち」と呼ぶ。1966年に「大代水道組合」

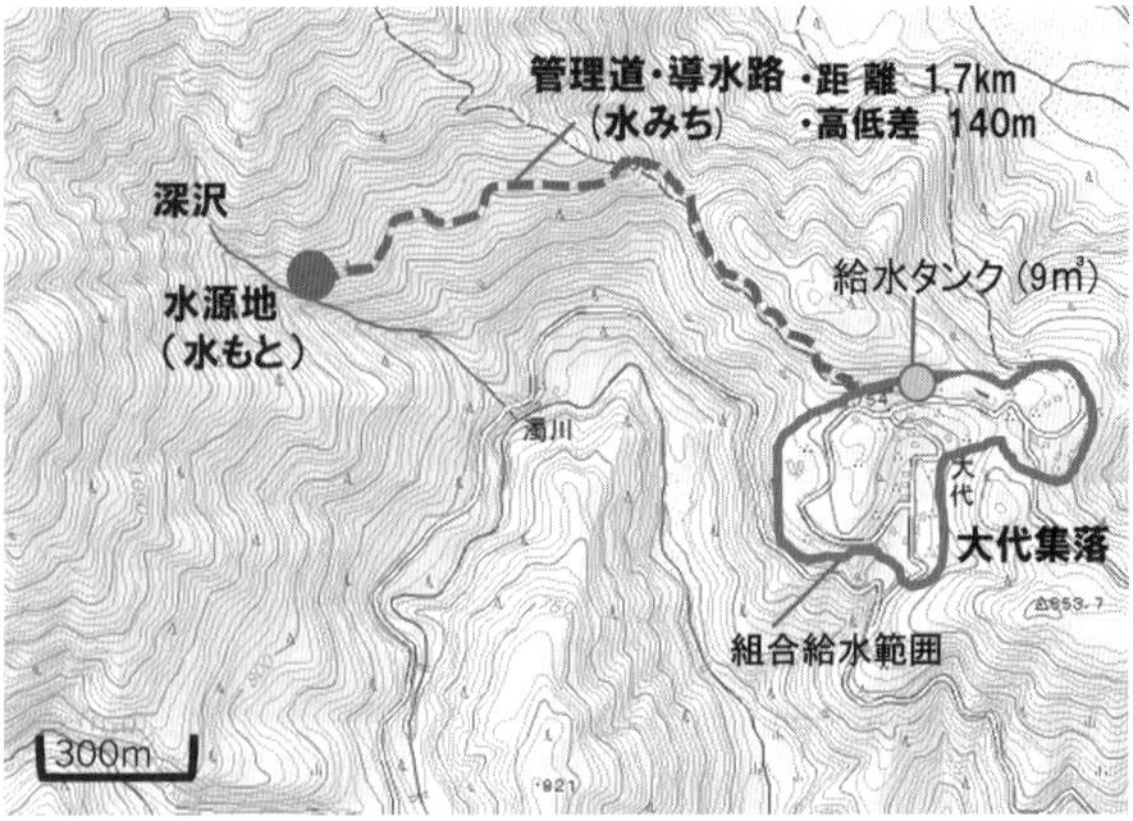

図 9-2　大代集落と水みち・水もと
出所：注11

が組織されて以降、この水もとは集落全体の水源となった。

大代水道組合による維持・管理活動は、集落の全世帯参加での共同作業と相互扶助を基本としている。トラブルが生じた際には、「水当番」が解決にあたる。2018年1月時点で、9名の水当番がおり、水当番の平均年齢は66歳、最高齢は84歳であった。高齢化を理由に、水当番の輪番制を維持することがむずかしくなってきていた。水当番は、断水や水の細りが起こったときには夜でも現場へかけつける。取水口が土砂や落ち葉などによって塞がれてしまったなど、給水されなくなった原因を現地で突き止め、その解決にあたる。聞けば、年々、負担感が増しているという。トラブルが頻繁に生じるため輪番周期が短く、1人の当番が年に2~3回出役することもあるという。なかには1人で対処できないケースもあり、その際は2~3人で出かける。こうした場合、次の当番担当者や手を貸せる誰かしらが出役するため、水当番は、変則的かつ臨機応変なものになっていく(輪番制の機能不全)。

わたしたち(藤本・伊東)は、『大代上水道当番帳』という水当番の活動記録を預かり、1985~2016年までの31年間に記録されている347事例を拾い出し、トラブルが発生した時期や原因、回数、作業内容を分析した。[12] その結果、水もとでの復旧作業には、細やかなノウハウがあるが、そのノウハウは必ずしも伝達・共有されておらず、各人がそれぞれのやり方で作業していることがわかった。

今の場所で、皆でできることを

わたしたちは何度も水みちを歩き、大代の人々と対話した。昔使っていた水源を調べ、現在の水もとから取水・導水するために行った住民工事の様子をきいた。あるいは新しい水源から水を引いてくるアイデアを検討した。水が湧いている場所をきけば、皆で出かけて地形や地質を確認しながら技術的な検討を加えて、その実現にかかるコストを概算しながら対話を深めた。

こうして対話を重ねることで、「輪番制の負担が減ればいい。別の水源を開発するなど、新しい方法を考えるのではなく、これまで使ってきた水もとを使っていこう。水みちと水もとを整備しなおすことで、未来の大代の水を守っていこう」という方向性が見えてきた。「あとのもんに借金残すようなことはしたくねぇでな。皆でできることをやろう。また次の30年くらいもつものをつくんないとな」(岩崎吉利・大代水道組合長[13])。大代の人々は、これにうなずき、この考えを大切にしていた。

4 最後のタイミング、手仕事の住民工事

水みちの整備

水もとへ行くには、水みちを徒歩で行くしかない。水みちは土砂くずれなどで礫《れき》がたまり、崩れていく。まずは、水みちを改修しなければ水もとの工事を行えないとして、住民と静岡大学の学生とが協力して水みちの整備を行った。この活動の結果として、工事後も定期的に土砂かきをする「水みち点検」グループが組織された。

水もとの復旧マニュアル

わたしたちは、水もとの復旧マニュアルを制作した。水もとがつまる原因は、主に、砂礫と落ち葉であった。詰まった礫や落ち葉のかき出しには労力が必要であった。静岡大学生が住民と共に水もとに上がり、

一緒に清掃作業を行う。一人ひとりのやり方の違いに気を配りながら記録し、それを集落にもどって共有する。こうして標準的な整備方法を決定し、解決の手順をマニュアル化した。このマニュアルは、新しいやり方が追加されるたびに加筆して更新している。

新しい水もとの設計

水もとでは、渓流に簡易な堰堤《えんてい》が設けられ、水を溜めて導水していた。大雨のあとなどに礫が流出してくることで、堰堤が埋まってしまい、水が取れなくなっていた。さらに礫をかき出す作業が重労働になっていた。

河川工学者の厳島怜を交えて、大代住民とワークショップを重ねた。その結果、新しい取水口は、堰堤にグレーチング（格子状のフタ）を取り付けたマスを設置することにより、砂礫や落ち葉をトラップし、スクリーンを通過した落ち水を取水する方法が採用された（図9―3）。取水堰堤での流量調査を行いながら、流出してくる砂礫や落ち葉を採集して、トラップ＆フラッシュの実験を重ねた。それを受けて、グレーチングの

図 9-3　新しい水もとの設計
出所：伊東さの子より提供

角度と規格、適正なメッシュのサイズが決定した。

新しい水もと工事のための設計基準は、大代住民が有している道具と技術、ホームセンターで購入可能なものといった「手に入るもの」で行うというものに定められた。検討作業が進むなかで判断に迷う項目は、手に入るもので対応できるかどうか、が決定の基準になった。道具と資材は、それぞれの住民の手に馴染んできたものであった。自分の使いこなせる道具と資材で制作が検討されていくことで、住民の経験とノウハウが発揮され、工事にむけて息があっていった。詳細な図面は必要がなかった。住民の創意と経験、道具が自然なかたちを結んだのである。

2017年11月17日~19日、26日に行われた工事には、のべ54人役が参加した。大代集落からは22人役。今回の工事は、集落を未来につなげる工事であるため、全世帯参加を基本としていた。すべての家からかならず1人は参加してもらい、できれば息子・娘世代に参加してもらいたいとわたしたちはお願いした。高齢や女性世帯であることを理由に参加できない家は代役をたてた。普段は他出している息子や、娘婿が遠方から参加した家もあった。親子で参加した世帯もあった。のこりは、静岡大学を中心に、大学生・教員が28人役、その他4人役であった(図9―4~7)。

住民が主体となった工事の記録は別に詳細をまとめている。関心をもった読者は、あわせて参照してほしい(14)。その後も定期的なモニタリングを続けているが、新しい水もとについて、これまでのところ大きなトラブルはなく、安定的な取水がつづいている。

最後のタイミング

生活のための水を自治してきた集落水道、わたしたちはその意味を考えながら工事をした。探りあてた意味の一つは、地域住民が主体となって、その土地の人々が未来志向で暮らす仕方を、手仕事を通じて受け継いでいることである。生活のための水をいかにして得るか。その仕方を、大代水道組合は蓄積し、活動記録を連ねてきた。地域の水利用の歴史が現在し、その土地で暮らす共同性の基盤となっている。

次に、協同することの意味をゆるやかに確認し続ける装置となっていることが挙げられる。この土地で暮らすためには、いかなる協同の文化が必要なのか。暮らしに必要な知識(智慧)と規矩が、暮らし方に埋め込まれ、習慣となっている。集落水道の維持管理は、その土地を未来へ受け渡す象徴

図 9-4　土木工事の経験が豊富な志村秀範と志村春男がリードして

図 9-5　工事全体を取りまとめた岩崎吉利・大代水道組合長

図 9-6　左から2番目が伊東さの子

図 9-7　新しい水もとを囲んで

出所：2017年11月19日、小柴希菜撮影

的な場であった。

結果的に、水もとの工事に取り組むには最後のタイミングであった。工事のあと数年のうちに、大代水道組合の中心メンバーが脳梗塞で倒れた。急逝した者もあった。合意形成のプロセスを進めていた当時、大代集落住民一人ひとりの気持ちと全員参加の工事のタイミングを合わせるのにかなり苦心していた。後からふりかえってわかることだが、大代集落は、臨界点にあったのだと思う。

とてもしんどい仕事ではあったが、あのタイミングを逃していれば、水もとの改良工事はできなかった。水当番の輪番制も限界にきていたので、生活のための水の管理が一気に崩れていたかもしれない。災害が来ていたら復旧できなかったかもしれない。集落水道を未来につなぐ工事が叶った奇跡を、わたしは今、あらためて感じている。

思考の深化のために

大代集落の集落水道を未来につなぐ工事には、地元の大学生も重要な役割を果たした。わたしが当時勤めていた静岡大学農学部は、大代集落と連携して、フィールド教育を行っていた。伊東さの子も、はじめはこのプログラムのなかで経験し、後に修士論文の執筆を通じて、自身が生き方を創り上げていく場として梅ヶ島に暮らすことを決めた。

大代の集落水道工事は住民が主体となった手仕事で行われた。大代集落の住民は、それぞれ他に仕事を抱えている。すべての住民が土木工事のプロではない。短い工期で集中的に作業するには、大学生たちの協力を得る必要があった。伊東は、大学と地域住民と専門家のあいだに入り、設計を取りまとめ、それを実現する工期を調整し、着々と工事の準備を進めていった。集落の常会で説明し、全世帯参加の意味や集落を担う次の世代が工事当日に少しでも参加することの意味を説明した。30年に一度の工事を記録するために、カメラマンを見つけ、メディアにも広報し、合意形成の過程から工事記録を制作していった。

住民を主体とする工事では、学生も含めた、全ての参加者に役割がある。土木や林業経験者の住民のあいだでは、これまでの経験と技術、知恵が最大限に発揮される役割分担が自然に行われており、効率的な工程が自然に生み出されていた。経験に裏打ちされた技術で「合わせ」ながら、工事は進められた。設計図もなしに、グレーチングがはめこまれ、その角度が設計通りに仕上がったときには歓声があがった。

振り返ってみると、伊東は、全ての行程で、呼吸を合わせていくことに心を配っていた。工事中は、記録をとりながらも、主として工事を進める住民のそばを離れず、一緒に手で触れながら岩場の起伏を測り、目で確認し、コンパネの刻み具合を決めていった。何度も微修正を加え、その場に必要なものを、自分たちなりに創り上げていく作業に参加していた。作業プロセスの一つひとつに確認の声が発せられ、判断が下る。声と手が現場に工事のリズムを刻み、呼吸が合っていく。伊東がその作業に加わることで、住民と学生が一体となっていった。

伊東は、どちらかというと言葉が苦手な若者だ。自らが動き続けることで、考えていること、伝えたいこと、共に行いたいことを、行動で表現していた。彼女が大代集落を未来につなぐことと真摯に向き合い、行動することが共感を育んだ。住民は彼女に、共に生きる未来を託したのだと思う。

大代集落は、新しい水もとから恵みを得る暮らしをはじめた。頻度は少なくなったが、人々はこれからも水もとに足を運び、手仕事で掃除をしていく。水もとを気にかけ、心を配り、世話をしていく。集落の生活を守る水を未来につなぐ工事。その手仕事の住民工事に参加した伊東もまた、世界観を共有し、未来を担う一員となった。伊東は、どのような仕方で、新しい水もとと関わっていくか。手でつくり、息をあわせて組み上げていった水もとが、土地と集落に馴染んでいく時間。伊東は、その時間の流れを受け継ぎながら、大代集落、梅ヶ島地区の人々と共に、丁寧に過ごしていくことだろう。水もとを守り、地域を守り、未来に手渡す一人として。

伊東は、大学院を修了後に、「梅ヶ島の山を守ること。山の暮らしを守る一員として、共に生きること」を心に決めた。林業家の鈴木英元がわらじ親となって、彼女は梅ヶ島で働きはじめた。空き家を借りて、梅ヶ島に暮らしはじめた。耕作放棄されたわさび田を借りて再生した。そして、だれに言われることもなく、大代の水みち点検をつづけ、水もとへ定期的に足を運ぶ水守《みずもり》になった。伊東はまた、静岡大学大学院の博士後期課程に進学した社会人学生でもある。林業家として、水守として、梅ヶ島で生きることの経験から彼女は何を考えだすのか。わたしは楽しみにしている。

注

(1)大野晃、2005年『山村環境社会学序説――現代山村の限界集落化と流域共同管理』農文協：22〜23頁。この点について2009年度の『食料・農業・農村白書』によれば、人口減少率が50％以上になると、35・8％が集落の機能維持が困難になるという。また世帯当たり平均人員が2人になると17・5％、1人になると32・5％と「機能維持困難」の指標が上昇する（農林水産省、2009年『食料・農業・農村白書』：112頁）。

(2)増田寛也編、２０１４年『地方消滅』中央公論新社。このレポートの評価について、農政学者の小田切徳美は次のように述べている。「「増田レポート」の指摘する事実や議論の領域は必ずしも目新しいものではないが、このレポートは次の2点においては十分に衝撃的であった。第1に、特定の自治体を「消滅可能性都市」、「消滅する市町村」として名指しした点である。それにより、名指しされた地域の住民をはじめとする国民的関心を集めることに成功した。そして第2に、この「消滅可能性」の宣言とセットで、「選択と集中」が語られたことである。これにより、従来の抽象的な「切り捨て論」とは異なり、個々の地域に対する「消滅するから撤退すべき」という呼びかけになった」（小田切徳美、２０２１年『農村政策の変貌——その軌跡と新たな変貌』農山漁村文化協会：59頁）。

(3)笠松浩樹、２００６年a「中山間地域における限界集落の実態」『島根県中山間地域研究センター研究報告』第2号：93〜97頁

(4)笠松浩樹、２００６年b「里山環境のフィールドワーク——島根県匹見町の限界集落調査から」『島根県中山間地域研究センター研究報告』第2号：99〜１０４頁

(5)匹見町は、過疎現象が典型的であったがゆえに「過疎」が生まれた町ともいわれる。行政学者の松野光伸によれば、「１９６３年の初当選以来4期16年間、町長として奮闘した大谷武嘉氏は、「われわれは、新しい過疎対策樹立のためには、殺されないモルモットの役割を敢えて申出る勇気と智恵をもつべきである」と、過疎地域の窮状と過疎対策の必要を中央省庁や県に訴えて回り、旧過疎対策法の成立後は、各種の過疎対策事業の積極的導入をはかった」という（松野光伸、１９９１年「過疎対策としての集落再編成——島根県美濃郡匹見町にみる施策転換」内藤正中編『過疎問題と地方自治体』多賀出版：２２８頁）。

(6)笠松浩樹、２００６年a前掲：95〜96頁

(7)梅ヶ島村教育委員会、１９６８年『梅ヶ島村村誌』梅ヶ島村役場：1頁

(8)建設省静岡河川工事事務所、１９８８年『安倍川砂防史』。梅ヶ島村教育委員会、１９６８年前掲。梅ヶ島連合町内会、２０１６年『町内別人口調査一覧表』。なお、『町内別人口調査一覧表』には、自治会に加入していない住民（別荘地など）は含まれていない。

(9)新見治、１９８９年「飲み水と地域性」、『地理』第34巻第8号、古今書院：29〜30頁

(10)２０１７年9月の調査時点

(11)藤本穣彦・伊東さの子、２０１８年「水道を集落で維持するとはどのような営みか——静岡市梅ヶ島地区での『集落水道』を守る実践から」『静岡大学生涯学習教育研究』第20号：4頁より再掲

(12)藤本穣彦・伊東さの子、2018年前掲：5～7頁
(13)2015年6月24日のインタビュー
(14)伊東さの子・厳島怜・藤本穣彦、2018年「「集落水道」を未来につなぐ工事——静岡市梅ヶ島大代地区における住民主体の社会基盤整備」『静岡大学生涯学習教育研究』第20号：15～27頁

第10章 自給

流しそうめんのまち、水の価値をつくるまち

本章の舞台　白糸の滝、福岡県糸島市白糸行政区

一般的に、水がないところに集落はない。今に続いている集落の暮らし方において、川、谷水、湖沼など地域の水に頼る部分は大きい。

本章の舞台は、福岡県糸島市の白糸の滝である。白糸行政区の人々は、地域に存在する水の価値を利用しながら、まちづくりを続けてきた。1950年代からそうめん流しを行い、バス路線が開通する前から観光客を受け入れてきた。その後も、山女《やまめ》釣りやアジサイの植栽、遊歩道整備を手仕事で行い、禊《みそぎ》めしやそうめんちり、そば打ちといった食の魅力を創り出している。福岡市圏域の子どもたちが訪れる定番の場所にもなっている。

2011年、白糸の滝で小水力発電をやってみたいということで、わたしは足を運ぶようになった。そのときはまだ、小水力発電所を建設したことがなかったのだけれど。わたしたちは、一つひとつ経験しながら、失敗しては改善し、小水力発電の技術を身につけていった。小水力発電所の建設は、流しそうめん以来続く、白糸行政区の水にこだわったまちづくりを更新した。

1　エネルギーの地産地消とは何か？

自然エネルギーは、一般的に、太陽のエネルギーが地球にふり注ぐ力に由来するもので、地球の地圏・大気圏・水圏・植生圏を循環するエネルギーを指す。再生する（renewable）という特徴から再生可能エネルギーともいわれる。自然エネルギーは、太陽のエネルギーを受け止める仕方によって、太陽光、水力、風力、バイオマスとさまざまな形質をとることが知られている。そのため、自然エネルギーは、特定の自然環境と結びつき、また社会環境の要請によって、その利用のされ方が異なっている。豊かな森と山が川の流れを安定させるように、その土地に向けられたケア的思考（第5章）の内容によって、表出し、定着する豊かさの形が異なる。

エネルギーと地域性についてもう少し考えてみよう。エネルギーは農や食ほど地域性がなく、わたしたちの生命の維持や暮らしに直接かかわらないと理解されているかもしれない。たしかに、現在のエネルギーは、需要に応じて、電気や熱、ガソリンや灯油などの燃料の形態に転換して届けられる。電力、ガス、石油にかかわるエネルギー事業は、世界規模で統合された市場で取り引きされる。また、国家が国民の安全を保障する（エネルギーの安全保障）ために外交によって確保するものとなっている。

しかしながら、暮らしの視点からみれば、エネルギーを自給することの意味がクローズアップされてくる。水を例にとればわかりやすい。日本では古代より、集水、分水、配水のための施設網が地域ごとに整備され、統合的な灌漑システムが発達してきた。この灌漑システムを適切に運用するために、上下流で統制のとれた水利集団が発達し、水利慣行と水利秩序が成立した。

また、煮炊きをするなど食材を加工するための火は、身近な山（里山）から得られてきた。調理や暖をとるために使われていたエネルギーは、里山から切り出された薪であり、穀物を得たあとの藁などの残渣であった。火がなければ動物を殺して食べることもできず、暖をとることができず、生きていけなかっただろう。食べ方や暮らし方にその土地の地域性が表われるように、エネルギーにも地域性が表れていたはずである。

地域で生産されたものを地域で利用することを地産地消というならば、その地域から得られるエネルギーを、地域で生産して利用することも、その定義に加えたい。「地域のエネルギーを地域でつくり、つかう」、それもまた地産地消であると(1)。地産地消をクローズアップすることの意味は、地域の自給する力を評価し、高めることである。その土地に暮らす人々の「生（生命、生活、人生、生業）」を、未来へと手渡していく。その具体的な場となる地域を守るためには、何をどのように自給すればよいか。地産地消という言葉のもつ本質は、こうした自給の問いを立てることにあるとわたしは考えている。

2　流しそうめん、山女、小水力発電

白糸の滝（福岡県糸島市）にて

本章の舞台となる福岡県糸島市は、福岡市を中心とする福岡都市圏の西部に位置し、南は佐賀市、西は唐津市と接している。2010年1月に、前原市、二丈町、志摩町の1市2町の合併により誕生した自治体である。32世帯の白糸行政区（2021年4月現在）は、糸島市南部の長糸校区にあり、川付川の上流、羽金山の中腹530mに位置する。

白糸の滝は、1990年代に旧前原市によって観光開発された。白糸の滝では、レストハウス「白糸の滝ふれあいの里」を中心に、そうめん流しや山女釣りを楽しむことができ、年間約15万人が訪れる観光地となっている[2]。旧前原市では、1991年の土地購入後、1992年にふれあいの里の管理棟と休憩所を建設し、駐車場を整備した。1995年には水車を建設した。白糸の滝およびレストハウスは、指定管理者として白糸行政区長が代表者指名され、白糸行政区が管理・運営を行っている。そのため、ふれあいの里の経営と、白糸行政区の活性化には密接な関係が生じている。

青木一良（白糸行政区長）によれば、「そうめん流しは1950年代から白糸行政区ではじめたものだから、白糸の滝の観光開発後も、白糸行政区がそうめん流しの営業などをこれまで通り継続できることを条件として、白糸の滝周辺の土地を市に売却・譲渡した」という経緯がある[3]。「滝があるから高く売れるだろうと思ったけど、滝には値段がつかず、土地の値段だけだということで、高くは売れませんでしたね」と青木は笑う。

「1998年には、そうめん流し場や流し台を制作し、いくつかの小屋も自分たちで建てた。できるところは自分たちでという思いがある。雨が降っても寒い冬でも来てくれるお客さんがいる。少しでも快適に過ごしてもらえるように、楽しんでもらえるものがあるように」と青木は語る。実際、「糸島−1グランプリ」で大賞を獲得した「そうめんちり」や、長糸校区の寒禊《かんみそぎ》で子どもたちにふるまわれる「禊めし」のおにぎり、

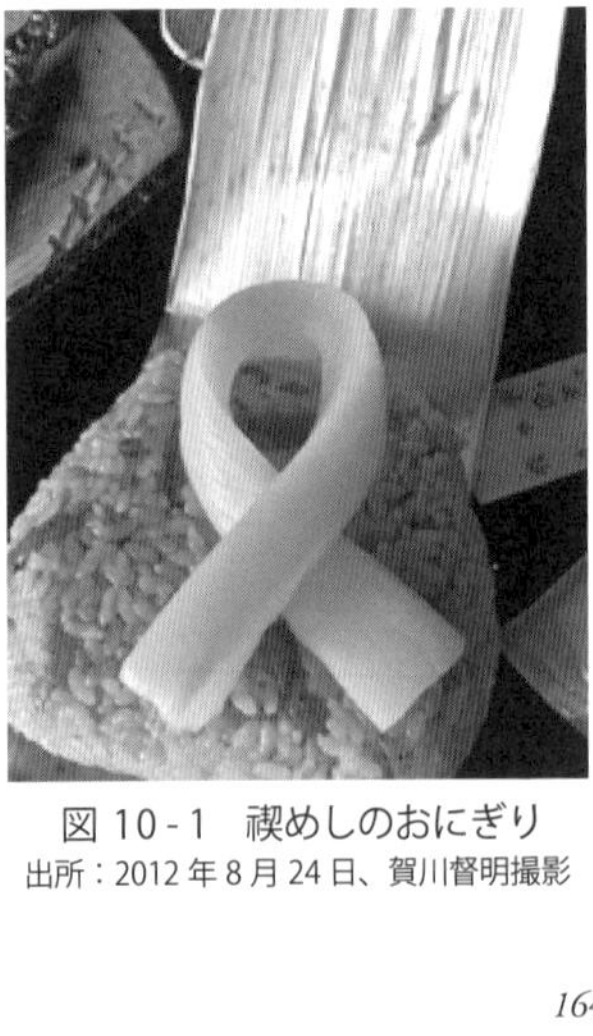

図10-1　禊めしのおにぎり
出所：2012年8月24日、賀川督明撮影

青木が打つそば道場など次々と新しいことに取り組んでいる（図10―1）。
青木は、禊めしの開発秘話を教えてくれた。(4)

（白糸行政区には）400年も続く寒禊という行事があります。12月18日の午前0時に行われる熊野神社のお祭りなんですが、ここの水に入って禊ぎをします。冷たいというより、痛いですね。そこで振る舞っている食べものを、昨年（2011年）から売り出しました。昔は子どもの数だけ振る舞っていました。食べものに不自由した時代でしたから、祭の日ぐらいは腹一杯食べさせるという意味だったと思うんですよね。祭では10年ぐらい前から配るのをやめていたんですが、それを復活させてみようということになりました。

本来は、コンニャクも沢庵も刃物を使わずに手でちぎってつくります。まあ、お客さんに出すのにそこまでできませんから、今は包丁を使っていますが。名前も禊ぎ飯としました。本当はコンニャク飯と言っていたんですが、禊めしと名づけたらみなさんが「何かな？」と興味を持ってくださって好評です。

つづけて、青木は、白糸行政区のまちづくりを次のように総括し、展望を語る。(5)

急にはできない。でも少しずつメニューをつくっていく。白糸の滝を長く、少しずつ活性化し、その利益を白糸行政区に還元することで、住民の気持ちを活性化し続けたい。白糸行政区は今も昔もこのくらいの大きさ。現在32世帯ですが、昔からほとんど減ってないんです。今も若いもんが結婚し、親と同居して家に住んでいる。これからもこうした暮らし方を続けられるように、滝を中心に白糸行政区を守り、発展させていきたい。

大町克之（白糸の滝運営委員）も言葉をつなぐ。(6)

白糸は小さな集落。街中から離れた山の上にある。ここに天空の楽園をつくりたいんですよ。街中まで行かなくても働く場所がある。体が動くうちは白糸の滝で働ける。もっと年をとって滝まで行けなくなったら集落のなかで働けるというように。白糸の滝を活性化することはそのまま白糸行政区の活性化につながるんです。

課題と期待

では、白糸の滝にはどのような地域課題があるのか。課題解決型のまちづくりから価値創出型のまちづくりへ、いかにして転換できるのか。手がかりとなったのは、やはり青木の観察である。

取引のある大分県日田市の山女養殖場では、養殖、釣り堀、料亭の経営に加えて、施設内で小水力発電をやっていたんです。白糸も水が豊かだから、この水を電気に、電力エネルギーに変えることができるのではないかな。

青木のこの発想をヒントに、流しそうめん以来の水にこだわった白糸のまちづくりを継承し、白糸を流れる水に新たな価値を生み出すものとして、わたしたちは小水力発電を構想することとなった。白糸の滝を管理する糸島市役所も加わり、白糸の滝と白糸行政区の課題と期待について対話した。

その結果は、次の5点に集約される。（1）入込客の季節変動が大きい（年間約15万人の観光客のうち、半数の

7万人が8月に集中する)。(2)入込客の有無に関わらず、年間を通じて一定の電力消費がある(2010年度の年間電気代は約140万円、年間電力使用量は約7万kWh)。(3)子どもにとって学びの多い場になってほしい。(4)観光客の滞在時間が短い。新しい魅力を開発し、もう少しゆっくり散策できるようになってほしい。(5)白糸の滝や集落を流れる水を利用して何かしてみたい、というものだ[(7)]。

さらには、レストハウスだけでなく白糸集落32世帯の電力をまかなうこともできないか。小水力発電をテーマにして、いろんなタイプの水車が回り、水鉄砲やミスト、虹などを出して、小水力のエネルギーで遊べるエコパークが楽しいのではないか。夏場は、白糸の滝の駐車場から集落のところまで600mくらい渋滞する。忘れ物を取りに行ったりするのにもひと苦労するから、集落の近くに小水力発電所をつくって、そこからトレッキングできるコースをつくったり、あるいは、電気自動車や電気バスで白糸の滝まで上がるようにしたらどうか。こうした意見がどんどん出され、「白糸の滝・小水力エコパーク」の構想が定まっていった。

このようにして、「白糸の滝1・2・3夢プロジェクト」が立ち上がった。その目標は、白糸行政区の持続性を支える新たな価値を創出することである。その手段として、「地域小水力」を開発し、白糸行政区が指定管理者となって経営する白糸の滝の観光地としての魅力を高め、経営力を高めることが目指された。

具体的には、レストハウスの年間電力使用量と同等程度の小水力発電を行い、自家消費用として電力を供給する。さらに、32世帯が暮らす集落のベーシック・インカムとなるような小水力発電所を下流にもう一つ建設し、売電することで、白糸行政区の生計を未来にわたって支える。このように、白糸の滝から集落まで流れる川の落差を段階的に利用して、自家消費と売電を組み合わせた小水力発電モデルを構築した。

ステップ1　手づくり小水力発電（２００W）

このプランの実現には、白糸行政区の主体的な取り組みが不可欠である。しかしながら、小水力発電は、研究者側も含め、誰もやったことがなかった。そこで最初のステップとして、白糸行政区と九州大学、糸島市役所や地元企業などが寄り集まって、手づくりで小水力発電を制作することにした。

白糸の滝には、１９９５年に前原市によって建設された水車小屋があった。水車小屋は当初、米をつき「水車米」を販売していたが、米が潰れる、粉がつくという理由で販売は中止され、水車は止まり、壊れていた。この8年間止まっていた（2012年当時）木製水車を、小水力発電施設として再生するプロジェクトが始まった。

図10―2は、小水力発電のために再生された水車小屋の内部である。２００W程度の発電量を得ることに成功した。長年放置されていた水車を掃除し、損傷個所を修理するこ

図 10-2　水車を再生して制作した
手づくり小水力発電（ステップ 1）
出所：注8に加筆

とからはじまった。手づくりの小水力発電システムが組みあがっていく過程では、作業の現場を共有しながら具体的な作業を行うなかで、住民や学生、観光客も、見ている者が自然と触発され、それぞれが参加できるポイントを見出し、関与を深めていった。

「大学研究室主導の、単なる計画や構想づくりで終わってはダメ。現場で実際に発電するモノを見せてほしい。小さくてもいいから実際に取り組んでほしい。九州大学の学生にも積極的に参加してもらえる場をつくってほしい」。わたしたちは、糸島市学研都市推進課の渡辺孝司《たかし》からこのような要望を受けていた。

手づくり小水力発電の取り組みに、九州大学エネルギーサークルＥｎｅＱ（エネキュー）のメンバーが加わった。すると、学生たちへの技術協力として、株式会社明和製作所や林電気工事といった地元企業の技術者が協力してくれるようになった。学生たちの「危なっかしい手つき」（青木）をみて、地域の人たちが手伝うようになった。九州大学の学生たちの参加を得て、こうした新しい連携が自然と拡がり、共に手仕事をすることで、自然と信頼関係が深まっていった。

小水力発電所として再稼働した水車は、２０１２年４月29～30日のヤマメ釣り祭りに合わせてお披露目された。その後２０１２年11月末まで一般公開された。その間、新聞紙面の掲載13回、テレビ放映８回、視察・研修の受け入れは５００名を数えた。

青木は、このステップ１を次のように総括した。

水車の再生に取り組んで、予想以上に多くの人たちが関心をもっていることに驚くと同時に、小水力発電をこの白糸で進めていきたいという思いを新たにしましたね。３～４年前から白糸集落のなかで水力発電ができないかという議論はずっと出ていたんです。自分たちだけではできなかった。研究者や学生さんの皆さん、街中の企業の方々とつながり、実現できたことが嬉しい。小水力発電だけでなく、色々なことを相談できるようになった。こうした関係が一気に拡がったことが大きな財産ですね。

ステップ2　自家消費メインの小水力発電（15kW）

ステップ2では、糸島市が設置主体となり、白糸の滝下の落差約30mを活用し、15kWの小水力発電所を設置した（使用流量 0.08m^3/s）[9]。発電した電力はレストハウスに供給し、余ったものは売電する計画である。

図10―3は、ステップ2の発電所内の様子である。ステップ2では、ペルトン水車システム（10kW）とクロスフロー水車システム（5kW）というタイプの異なる2つのシステムを並列して設置した。この配置は必ずしも効率的ではない。わざわざ効率的ではないデザインを採用した理由は、ステップ2は手づくりからのスケールアップ・チャレンジだからである。つまり、メンテナンスや災害時の対応、流動変動時の発電調整などを、白糸行政区の住民が行えるよう、つくる

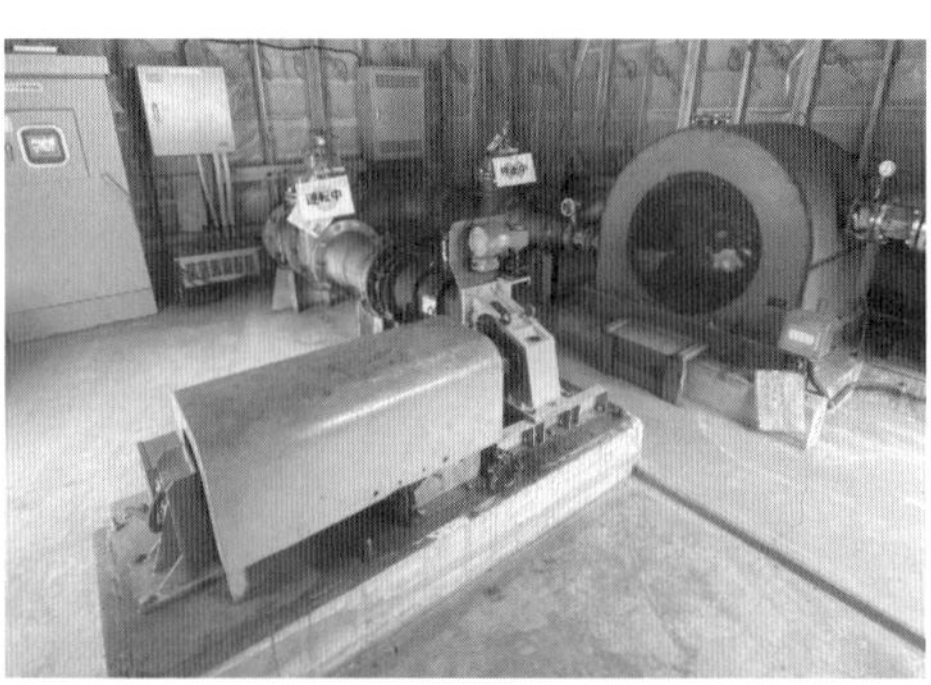

図 10-3　白糸の滝ステップ 2 小水力発電所
出所：2021 年 4 月 15 日撮影

力を育む仕掛けである。

「藤本くん、今回のステップ2はむしろ壊れるようにつくるんだよ。壊れたときにそこにいる人で直せないから、技術が人から離れていくんだ」、構想をとりまとめた河川工学者の島谷幸宏からそう言われ続けていた。

わたしは、糸島市には「壊れるようにつくる」などとは言わず、「小水力発電を手づくりからスケールアップするために、学習・研究開発の場にしましょう」と提案してプロジェクトの合意形成を進めていった。もちろん実際には、壊れるものをつくったわけではない。

手づくりからのスケールアップという点で、ペルトン水車（図10―3右奥）は、ネパールで技術移転プロジェクトを行っていたイギリスの技術者ジェレミー・シェイクのテキスト *The Micro-hydro Pelton Turbine Manual* から学んだものである。ジェレミーのノウハウが記されたテキストを、髙木美奈（九州大学大学院）がたんねんに読み解き、水車の設置を担当した株式会社中山鉄工所（以下、中山鉄工）でインターンシップを行いながら、3Dプリンタを活用して1kWのペルトン水車技術を再生した。その技術をスケールアップし10kWのシステムを導入した。(10) 髙木はそのまま、卒業まで運転管理者となった。

クロスフロー水車（図10―3手前）は、インドネシアのバンドン小水力アソシエーション（第11章）と、相互学習の関係性を構築したのち、中山鉄工がパートナー企業となって輸入した。(11) 「ヨーロッパ（イタリア）の技術を輸入する手もあります。でもそれだとただ購入するだけの関係になってしまいますね。どうします？」。わたしが島谷に尋ねると、「いや、インドネシアでいこう。同じアジアの仲間だから。環境も風土も日本と似てるから、同じような技術が発達していると思う。むかしはインドネシアあたりから九州までは大陸でつながっていたんだから。感覚が近い方が、なじむと思うよ」と方針が決まった。

果たして、わたしはインドネシアに飛び、インドネシアのAHBメンバーに教えてもらいながら、はじめての小水力発電所づくりを進めていった。中山鉄工からエンジニアの渡邊美信《よしのぶ》がインドネシアへ同行してくれた。社長の中山弘志《ひろし》が、この産学連携、国際連携での技術開発を支援してくれた。

この白糸ステップ2に納入されたクロスフロー水車には、インドネシアでの制作中、「Fujimoto」と名前がつけられていた。水車の内側には、名前がレーザープリントしてあったが、今ではそれも水流や小石を受けて発電するなかで、削り取られたかもしれない。名前が消えていくことが、小水力発電の技術がその土地に根付いていくことのような気がする。

さて、詳細設計が決まり、工事は着工された。土木工事は地元の企業が請け負い、住民も冬場の工事を手伝った。小水力発電の機械・電気機器の取りまとめは、中山鉄工が行った[12]。2014年4月、ステップ2の小水力発電所は発電をはじめた。

ステップ2の取水口は、白糸の滝レストハウス橋下の左岸側に設けられている。取り込まれた水は、全長150mの導水管を通って、発電所へと流入していく。取水口は、ゴミが詰まらないように、グレーチングと金網で網掛けしてあり、落ち葉や小石などは、自然の流下でフラッシュする工夫がなされている。導水管は直径300㎜のVU管が用いられており、外部衝撃に強く、維持管理をできるだけ簡単にするため、管路の大部分をU字溝に通してある。発電所のなかで、導水管が二股に分岐し、ペルトン水車とクロスフロー水車にそれぞれ水が流れ込むようになっている。取水口とステップ2小水力発電所の管理は、白糸行政区が糸島市より委託を受けている。2017年度実績では、白糸行政区への管理委託料は年間40万円であった。

レストハウスの入り口には、現在の発電量がリアルタイムで表示されている。こうしたサインに気がつけば、観光客は下流にある小水力発電所までたどりつくことができる。導水路にそって、レストハウスから小水力発電所に下りる遊歩道が設置された。さらに今後、発電所から水が川に戻されるところに親水空間を設計することで、自然エネルギー学習と環境学習を行うエコパーク整備がすすめられる予定だ。

ステップ3　売電用の小水力発電（13kW）

２０１９年3月にステップ3の小水力発電所が運転を開始した。当初は、ステップ2で発電した水を再度取水して落差１００mを得る構想であったが、その構想は修正され、集落近くの砂防ダムを利用したコンパクトなものとなった。事業主体は、Seeds of Energy という有限責任事業組合で、エフコープ生活協同組合と株式会社リバー・ヴィレッジ[13]によって構成されたＬＬＰ（Limited Liability Partnership）である。ステップ3も、白糸行政区との丁寧な合意形成のもと計画・設置されており、減価償却後の売電収入は、まちづくりのために広く活用される計画である。

ステップ3の発電所は、白糸集落近くに立地しており、発電所の見学や集落の散策、白糸の滝までの簡単なトレッキングコースがつくられた。集落内の小学校分校跡の駐車場も開放されており、白糸集落に車を停めて、2つの小水力発電所を見学しながら、白糸の滝まで歩いてあがることができる。読者もぜひ、歩いてみてほしい。水力エネルギーにとって、落差の効果が大きいことが体感できると思う。

新たな技術として、ステップ3は、中山鉄工による N-Global という遠隔操作システムによって IoT 制御され、モニタリングされている。毎日、中山鉄工のエンジニアがN-Globalにアクセスし、発電状況をチェックしている。導水管の圧力をチェックして、そのときの流量に合わせて、ガイドベーンの開閉を行う。重要な水車の軸には温度センサーが装着されており、ベアリングの故障などが起こるとすぐに対応することができる。

系統接続の状況もリアルタイム配信されている。また日発電量や、これまでの総発電量を集計して見える化しており、発電量に応じた CO_2 削減量と売電収入が可視化されている。発電開始から2021年5月18日18時までで、総発電量は15万2000kWh、8万4100kgの CO_2 削減、516万円の売電収益が得られている。さらに、2022年1月28日14時までに、総発電量は20万7000kWh、11万1200kgの CO_2 削減、売電収入は682万円となった。安定して稼働していることがわかる。

このようにN-Globalが導入されたことで、ユーザーとエンジニアとの両方でダブルチェックが働くようになった。見える化されたことで運転の異常やメンテナンス、設備更新などのコミュニケーションが円滑になった。細やかな運用を行うことで、発電量は当初計画よりも10％程度多くなっている。(14)

3　よい技術は文化をつなぐ、インドネシアの無電化村での経験

キンチール

現在、老朽化によって、白糸の滝小水力発電所のステップ1で再生した木製水車は撤去されている。今は更地になっており、ここで何かが行われた跡を確認することはできない。それでも、この手づくりの再生活動がなかったら、ステップ2、ステップ3の小水力発電はできていなかったのではないか。手づくり

であることの価値とは何か。共に制作することの意味は何か。なぜ手づくりすることを手放してはならないのか。本章のテーマである自給の視点から、考えをまとめておきたい。

白糸の滝小水力発電所のステップ2、ステップ3は、インドネシアからの技術移転を受けて建設された。わたしが、小水力発電の技術移転のために滞在していた西ジャワ州でのこと。「無電化村」と呼ばれる地域をフィールドワークしてみると、電気のない暮らしをしている人々はいないことに気がついた。どこの村にもテレビがあり、モスクにはあかりが灯り、ちょっとしたお店の冷蔵庫では冷えたジュースを売っている。バイクの修理工場や鉄を溶接、加工する小さな工房がある。

統計上の無電化村とは、インドネシアの国営電力会社（PLN）からの電力供給が行われていないエリアであり、電気のない村というわけではない。西ジャワの農村では、「キンチール（Kincir）[15]」という自家水力発電が行われており、少量の電力ではあるが、生活に必要なものは自給している（図10―4）。わたしはこのエネルギーを自給する人々の暮らし方に注目した。

西ジャワ州チアンジュール県の山村で、小水力発電の導入に取り

図 10-4　五ヶ瀬自然エネルギー研究所がインドネシアから技術移転して手づくりしたキンチール
出所：2021 年 11 月 21 日、山下慎吾撮影

組むNGOリーダー、リドワン・ソレー(Ridwan Soleh, Yayasan YPAL)は、次のようにいう。[16]

村の暮らし、山での暮らしを今日まで成り立たせてきた技術を、村人は絶対に捨ててはいけない。大規模な発電所ができて、電気が配られるようになっても、大きな機械で農業ができるようになっても、自分たちの村の自然に働きかけてきた技術の一つひとつを、村人は守らなければならない。技術を誰かに預けてしまうと、ビジネスや政治、グローバル経済の影響下に、自分たちの村と暮らしをさらすことになる。そうした時、村の力はとても弱い。自分たちの技術を手放すことは、村全体をリスクにさらすことになる。技術をバックアップしておくこと、それが重要なことである。

キンチールは、その土地にある素材で、その土地でできる仕方でつくられるので、共通の設計図があるわけではない。水車が水を受けて回り、電気を起こし、配られる。取り外しも、持ち運びも、再建もできる。「無電化村」には、こうした無数のキンチールがあり、必要な電力はキンチールによって自給されている。

つくる力は考える力

またリドワンは、10~30kW程度のまとまった電力を生産する小水力発電システムを村に導入している。それらの村々では、小水力発電のための協同組合を組織し、経営している。多少の故障は、村のバイク修理工やメーカーで研修を受けた村のリーダーが直してしまう。村の人々は、小水力発電のシステムをみて、使いながら理解し、技術を習得している。リドワンは、村の人々が工夫し、マネジメントできる技術を見

極め、少しずつスケールアップしながら、村の人々に新しい刺激を与えている。(17)

ただ技術を知る、わかるというだけでなく、自分たちで手を加え、創り出していくということを大事にしてほしい。そうすれば技術やノウハウを自分たちのものにできる。お金をかけないでつくることができる。身につけた技術や知識は、他の村の人々にもどんどんオープンにしている。発電所を見に来たい、学びたいという人にはオープンアクセスにして、そのノウハウをどんどんシェアしている。そうすることで、大きな技術が来ても受けとめられる村人を広範囲にわたって育てることができている。

大きな技術が来なければ、村人が大きくしていけばいい。村人が主体となって小水力発電所を建設し、運用することは技術と経済を学ぶトータルな学習プロセスとなる。そしてそれを支える自然や人に村人が気づき直すチャンスにもなる。自分たちの村の生態、自然環境は自分たちの力で守る。新しい社会環境で、新しい技術も覚えながら、村にある自然の力を活かして自給し、自立する力を育んでほしい。

リドワンにとって、これらの村で中規模の水力発電を開発し、系統を延伸し、売電してビジネスを行うことは簡単だったと思う。大きな技術は、大きなキャッシュフローを生む。しかしリドワンはそうしなかった。長期的な視点をもって、住民が技術と経済を学習できるスケールで発電し、村の人々の経験を蓄積することで技術を育て、キンチールを守った。

キンチールが手づくりであることの価値について、あるいは、村の人々が手に届く技術で運営される小水力発電所について、チアンジュール県の村々をフィールドワークしながら、リドワンと対話したことがある。その際リドワンは「よい技術」という考え方を次のように披露した[18]。

よい技術は、技術そのものを超えて、文化を結び付ける、コミュニティを結び付ける力がある。村から村へ、国を超えてひとりでに伝わっていく。キンチールは、この先いつまでも負ける技術にはならない。手づくりであることの価値だろうか。村でつくれることの価値だろうか。つくる人とキンチールという技術の間には、いつも、新しい価値が生まれる。

キンチールは、国からの電力がない無電化の農村で豊かに生きるサバイバル技術。生きる力の強さと創造力の源。制作することを手放してはいけない。自分たちの力で自然から電気をつくることを、絶対に捨ててはいけない。

これまで、村の文化といえば、農民や農業、農村景観といったものが象徴していた。これからはエネルギー。キンチールで、村がエネルギーを制作する。トヨタ財団での今回の五ヶ瀬町との交流でキンチールは国境を越えて日本へも到達した。これからはますます、キンチールが、ジャワの村の文化として、ジャワ農村の自立の象徴として世界中で交歓を得ていくと期待している。

なぜ手づくりすることを手放してはいけないのか。それはつくる力が、その土地で工夫して生きる力を育むからである。頭を働かせ、手を動かし、共に制作しなければ、つくる力は養われない。技術は経験のなかでしか、経験した分だけしか蓄積されないのだ。

思考の深化のために

本章では、自給力を磨く事例として、地域の水からエネルギーをつくり、電力を自給する仕方について研究してきた。インドネシア西ジャワ州の無電化村で電力をつくりだしていたのは、手づくりのキンチールであった。こうしてエネルギーを自給する仕方を学んだことで、白糸の滝小水力発電所のステップ1で制作されたのもまたキンチールであったと位置づけられる。

福岡県糸島市の白糸行政区では、そうめん流しを観光化し、山女の釣り堀をつくったように、自然を体験できる場所を住民の手仕事で工事してきた歴史があった。「水にこだわったまちづくりを継承したい」という白糸行政区住民の希望が、自分たちの手でエネルギーをつくり出すという仕方に行きついた。小水力発電は「水にこだわった」白糸のまちづくりに連なり、つくる人（住民、学生、大学、地元企業、地方自治体、メディア）と、つくりだされたものとのあいだに、新しい価値が生まれた。

ステップ1で生まれた電力はわずかなものであったけれど、使われていなかった水車を掃除し、再生したことで得られた経験の蓄積は、ステップ2、ステップ3の実現を予感させた。

果たして、小水力発電は、白糸の滝、白糸地区の新しい生活文化となった。同じようにエネルギーの自給を志向する人々にとってよい学習の場となり、多くの視察者が訪れる場所になった。インドネシアとの技術交流、文化交流にも発展した。「よい技術は、技術そのものを超えて、文化を結びつける。コミュニティを結びつける力がある」。リドワンのこの言葉の意味は、やってみることで実感されるものであった。

注

（1）小林久・戸川裕昭・堀尾正靭監修、（独）科学技術振興機構社会技術研究開発センター編、２０１０年『小水力発電を地域の力で』公人の友社

（2）白糸の滝（福岡県糸島市）ホームページ https://shiraitonotaki.jp/

（3）２０１２年10月28日のインタビュー。以下、青木の言葉は、特別な記載がない限りこの日のもの。

（4）賀川一枝・賀川督明・藤本穣彦・青木一良・馬場貢・阿部敏寛・渡辺孝司・生野岳志、２０１２年「糸島市の小水力発電――産官学の取り組み」、ミツカン水の文化センター編『水の風土記』http://www.mizu.gr.jp/fudoki/kotoba/002_itoshimashi.html

（5）２０２１年４月15日のインタビュー。青木は２０１２年当時も同じことを語っていた。ずっと以前から、白糸行政区のまちづくりはそのスタンスを変えていない。

（6）２０１２年11月27日のインタビュー

（7）渡辺孝司・藤本穣彦・島谷幸宏、２０１３年「大学と地方自治体の連携研究による地域コミュニティの活性化――福岡県糸島市白糸行政区を事例として」『コミュニティ政策』第11号：１４５～１５７頁

（8）渡辺孝司・藤本穣彦・島谷幸宏、２０１３年、前掲：１５３頁より再掲

（9）安永文香・藤本穣彦・島谷幸宏、２０１２年「白糸の滝における小水力エネルギーのポテンシャル評価」『小水力エネルギー論文集』第1号：71頁

（10）髙木美奈・藤本穣彦・島谷幸宏、２０１４年「日本における小水力発電技術再生の試み――ネパール・ペルトン水車の技術移転」『東アジア研究』第16号：89～１１２頁

（11）藤本穣彦、２０１５年「小水力発電の技術とアジアネットワーク」、『Ohm Bulletin』第２０４号、２～４頁

（12）株式会社中山鉄工所ホームページ「次世代へつなぐ小水力発電システム」https://www.ncjpn.com/products/effective-micro-hydro-system/

（13）株式会社リバー・ヴィレッジは、九州大学の流域システム工学研究室発のベンチャー起業で、小水力発電の計画と設計、土木工事を行う。https://www.ri-vi.com/

（14）藤本穣彦、２０２２年「小水力発電技術の分断と再生――地域産業創成の取り組み」、新井誠・友次晋介・横大道聡編『〈分断〉と憲法――法・政治・社会から考える』弘文堂：２２２～２３９頁

（15）Inspirasi Besar Dari Kincir Air by Kompas TV, West Java, Indonesia, 2015 https://www.youtube.com/watch?v=caSIKiaVtmg（邦訳は Youtube のコメント欄を参照）

（16）リドワンの専門は、野生動物の保護である。チアンジュール県のシンパン山自然保護区にて、コミュニティが主体となった森林保全、動物保護、伝統的農村の保全に取り組んでいる。保護区内には、スンダ人が暮らす13の村がある。その各村で、リドワンとエディのコーディネーションで小水力発電の導入が進められている。インタビューは２０１４年１月22日。

（17）２０１４年１月22日のインタビュー

（18）２０１５年11月13日のインタビュー

第11章 起業

技術者を育て、起業するまち

本章の舞台　インドネシアのジャワ世界

本章のテーマは、起業である。現在の日本では国の制度的な支援も充実していて、地方に移住して起業するというひとつのトレンドがある。しかしその土地に根ざしたまちづくり起業はなかなか難しい。一人ではなく仲間を集めて共に学習し、自然を経験する。考えや技術、商品を地域の人々・自然・環境に馴染ませていくといった時間が必要だからだ。

本章の舞台は、インドネシアの西ジャワである。バンドン小水力アソシエーション（Yayasan, Asosiasi Hidro Bandung）を研究の対象に、AHBメンバーで、〈エネルギー・農・食〉を統合的に展開する社会的企業と、それを支えるネットワークについて研究する。インドネシアの国営電力会社からの電力供給がない、統計上の無電化村でも、村人は自分たちの仕方で電力を創り出し、豊かに生活している。なぜ、インドネシアの西ジャワでだけ、ヨーロッパから移転された小水力発電技術が根付き、州都バンドンに地域産業（エコシステム産業）を形成するに至ったのか。どのような技術革新が起こり、いかにしてジャワ世界に根ざす技術となっていったのか。生態環境に柔軟に働きかけ、自然エネルギー社会企業を興し、豊かさを得るジャワ世界のエコロジー思想の基底には何があるのだろうか。

1　志を共有し、切磋琢磨する技術起業家たち

固有性と交流

自然地理学者の高谷好一によれば生態型の世界単位の着想は、インドネシアで、ジャワ世界のフィールドワークから得られたという（第1章）。高谷によれば、このジャワ世界には、1世紀には早くもインド人が到来しており、稲と粟をつくっていた。3～4世紀には東インドネシアで香料が発見され、インド人が香料の採集に来ていた。ジャワはその中継点として重要な交易拠点となっていた。ヒンドゥ文明は、5世紀までにはジャワに到来していたといわれる。8世紀には中部ジャワで、ボロブドゥルの石造寺院やプランバナンのヒンドゥ寺院群がつくられた。14世紀にはマジャパヒト王朝が全盛を極めた。高谷は、「ジャワ・バリ世界の基本的性格はヒンドゥ・ジャワ期に作られた」としている[1]。

15世紀にジャワ世界がイスラームを受容すると、ジャワ島のヒンドゥ文明は衰退していく（ただし、バリはヒンドゥ文明を今に継続している）。16世紀にはイスラームがジャワ島の内陸部に浸透していく。その結果、今日のジャワは、公式的にはすべてイスラーム圏に組みこまれている。

17世紀になると西ジャワにオランダ東インド会社がやってきた。18世紀の中頃までに、オランダはジャワ島の大部分を植民地にして、コーヒー、サトウキビ、茶のプランテーション経営を開始した。オランダがプランテーション経営を行ったのは、ジャワ島だけであった。単に作物をつくるだけでなく、灌漑用水を得るためのダム建設、水路掘削、輸出のための道路や鉄道、港湾建設、これらの労働力がすべてジャワの農民から徴発された。肥沃な土壌、豊富な水があっただけでなく、豊富な労働力がジャワにはあった[2]。

（その結果）ジャワ世界の劣化は大変なものだった。伝統的な社会秩序は崩壊したし、社会全体が生存ラインギリギリのところにまで疲弊してしまったのである。ジャワ史ではこの間を「貧困の1世紀」といっている。

その後、19世紀後半から20世紀になって、オランダはジャワ島のみならず外島の領有化に乗り出す。植民地競争に遅れまいと囲い込んだ範囲、それがオランダ領東インドであった。第二次世界大戦期の日本による占領を経て、戦後独立したインドネシアの地理的範囲は、このオランダ領東インドに相当する。

高谷のインドネシアの捉え方は、次のようにまとめられる。ジャワ世界と多島海の海域世界という性格の異なる2つの世界単位からなる国家、それがインドネシアである。それゆえインドネシアは紛争を内包している。そのなかにあってジャワ世界は、いかにして他なる文明（ヒンドゥ、イスラーム、ヨーロッパ）を受け入れてきたのか。「外文明に対する防衛というのは単純な拒絶ではない。それは敵の長所を取り入れ自らをより強くすることである。これはまさに地域文明の強化そのものである[3]」、と高谷はいう。

ジャワ世界とはいかなる特徴を有する地域的まとまりなのか、高谷の言葉でまとめておこう。[4]

ジャワを想う時、私（高谷）はいつも一服の縦長絵を頭に描く。いちばん上には雲に峰を隠した大きな火山がある。その中腹から裾野にかけては右に見た農村（11〜13頁参照）がある。そして、その中央には王宮がある。そして、山麓をもっと下っていくとやがて、海岸線に出、そこには港がある。農村も港も人でいっぱいである。この縦長の絵はこの島に何層もの外文明が重層した結果できたものである。基層には原ジャワ文明とでもいうべきものがある。その上に、ヒンドゥ文明、イスラーム文明、そしてヨーロッパ文明が重層してできている。

西ジャワの小水力発電

次に、ヨーロッパ文明の一例として、小水力発電に注目し、ジャワ世界がそれをどのように受け入れ、地域文化を深化させてきたのかを分析する。西ジャワにおける小水力発電の歴史は古い。最も古い記録として、1884年に茶のプランテーションに小水力発電所（30kW）が設置されたものがある。茶のプランテーションに導入された小水力発電所は1925年頃までに400か所を数えたという。(5) さらに最初の近代的な水力発電所として、1923年、西ジャワ州の州都バンドンで、ベンコック・ダゴ発電所（フランシス水車、1000kW×3+700kW）が操業を開始した。この発電所は設備を更新して現在も稼働中である。

日本では、1888年に三居沢《さんきょざわ》発電所（仙台市、宮城紡績会社・当時、5Kw）が、1891年に琵琶湖疏水蹴上発電所（京都市、ペルトン2基、計160kW）が発電を開始した。こうしてみると、西ジャワの小水力発電は、日本と時を同じくしてスタートし、さらに高度化されていたことがわかる。

当時、ジャワも日本も、水力発電の機器を製造する技術が国内になかったため、設備はすべて輸入によって調達されていた。日本では、明治政府による殖産興業の強力なイニシアティブにより電力の国産技術開発が推進された。早くも1890年代には小容量の国産発電機がマーケット技術となっている。電力需要の増加に伴って、水力発電は日本の主要電源となり、それに伴い技術の国産化が急速に進む。

農村計画学者の小林久によれば、日本の水力発電の導入・拡大期には、「産業用の大規模化に向かう水力発電所と各戸に明かりを灯すための小規模な水力発電所が併存して増加」し、「小さな設備が各地で多く建

設されることで、日本の水力発電技術は急速に成長し、大正末期（1920年代中頃）までにほとんど確立した」という。(6)

これに対して、インドネシアの国産技術の登場は、1990年代を待つことになる。

組織とネットワーク

1992年、ドイツのGTZ（現GIZ）から西ジャワへ、小水力発電の技術移転プログラムが開始された。水車と発電機を中心とした機械、電気の制御技術だけでなく、水力のポテンシャル評価や土木、施工管理や運転、発電した電気の利用とコミュニティ開発といった多岐にわたる技術プログラムであった。バンドン工科大学の卒業生を中心に、18名が研修を受けた。技術的なトレーニングを受けたメンバーは、1999年にバンドン小水力アソシエーション（Yayasan, Asosiasi Hidro Bandung：以下、AHB）を結成する。AHB憲章には、設立の目的が次のように記されている。(7)

小水力発電が、環境に良い発電技術だということはすでに多くの人々、さまざまな方面で認められている。他のエネルギー源と比べても、経済的に安価で、身近なものである。発電コストは、グローバルな市場でも競争できる。小水力発電は、農村社会の利益を高めて、さらなる市場を獲得する技術である。市場の獲得は農村生活の質を向上させる。つまり、小水力発電は、農村生活を活性化し、社会全体の豊かさを高める。

AHB代表のセンタヌ・ヒンドラクスマ（Sentanu Hindrakusuwa）は、設立当時を次のように振り返る。(8)

農村社会を、エネルギーを生産し、供給することで持続的に発展させる。AHBはそのための基点になる。そんなふうに決意して、その土地の自然からエネルギーを取り出せる小水力発電の研究を始めたんだ。最初はボランティア。その後、AHBはインドネシア政府の自然エネルギー分野の政策形成とモデル・プロジェクトを行うようになった。プロジェクトが増えると働く人も増えてきた。ボランティアからビジネスへと成長した。1998年頃には仕事量も増えて安定し、40名程の技術者がネットワークする組織になっていた。メンバーの技術と知識をアップデートし、メンバーが建設した小水力発電所の品質管理のために組織化が必要となった。

2015年2月の調査時点で、AHBは85名の技術ネットワークとなっていた。建設業者、製造業者（水車や発電機器）、コンサルタント、NPO／NGO、測量技師、溶接技師などからなり、全員が何らかの水力発電技術をもつ専門家である。AHBは専門的な水力技術者のネットワーク（Professional Association）であり、会社の集まりである協会（Company Association）とは異なる。AHBでは、1年に一度、メンバーの仕事ぶりや技術的な向上、志を評価し、認証することで、人材の質を保障している。

技術開発

またAHBは、タービン（水車）の品質を保証している。1992年にドイツからクロスフロー水車T12が技術移転された。2013年までにインドネシア国内で技術革新されたクロスフロー水車T14は、発電効率の上昇（69%→76%）を達成し、流量の変化に応じて効率的な発電量が得られるようになった。(9)

ＡＨＢメンバーが経営する主要な水車メーカー3社（PT. Heksa Prakarsa Teknik, PT. Karamatraya, PT. Cihanjuang Inti Teknik）の累計生産出力は、１９９２年の最初のタービン製造から２０１３年までの累計で、６３８ユニット、約２万ｋＷであった。学習、習熟期を経て技術が安定し、２０１４年には、３社合計で年間80ユニット、約１５００ｋＷの設備生産力となった。[10]

技術移転

ＡＨＢは、（１）小水力発電のためのポテンシャル調査、（２）設計とコンサルティング、（３）生産力の強化（技術移転の促進と水車メーカーの育成）、（４）モデル・プロジェクトの実施、（５）小水力発電所の建設と運転、（６）小水力発電導入のためのマニュアル作成、（７）情報発信、（８）技術移転と教育（インドネシア全域、ＡＳＥＡＮ諸国、アフリカ）、といった小水力発電の導入に関する全ての領域をカバーできるようになった。

ＡＨＢでは、２０１６年時点で、主要7社（Yayasan. AHB, PT. ProRekayasa, PT. Heksa Prakarsa Teknik, PT. Cihanjuang Inti Teknik, PT. Kramatraya, PT. Entec, Yayasan. IBEKA）の雇用は５００名を超えた。またバンドンの西隣チマヒ市にはＡＳＥＡＮ水力技術研修センター・ＨＹＣＯＭ（ASEAN Hydropower Competence Centre）が設置され、ＡＨＢメンバーが講師として、ＡＳＥＡＮ、アフリカ諸国から年間約３０００名の研修を受け入れている。

ＡＨＢのタービンは、ＡＳＥＡＮ、アフリカを中心に海外輸出されている。これまでにイギリス、スイス、フィリピン、ネパール、マダガスカル、エチオピア、ウガンダ、タンザニア、パプア・ニュー・ギニア、カメルーン、ザンビア、モザンビーク、そして日本（第10章）への輸出実績がある。

これらの多くは、はじめ、ドイツのGIZやスイスのSKATの技術移転プログラムのなかで導入されたものである。AHBは海外への技術移転プロジェクトに従事するなかで、「マーケット（ビジネス、案件）」を得た。技術の習熟とイノベーション、専門技術者の養成、職業技術者の成長が、実務的な経験を蓄積するなかですすんだ。このようにしてAHBの技術と技術者は国際基準でトレーニングされ、その品質が保証されている。

2　自然エネルギー社会企業の哲学

小水力発電と食品ビジネス

ジャワ世界においても小水力発電は、その土地の空間と自然環境に根ざした水の活用方法であり、持続的な視点をもって地域の共有財産として活用されるのが望ましい。出稼ぎに行かなくてもよい仕事づくり、学校や病院の建設といった社会資本整備を含むまちづくりと、小水力発電の開発をいかにして結びつけるか。「自然エネルギー（Renewable Energy）」、「地域経済（Local Economy）」、「地域活性化（Community Development）」を統合的に担う主体として、AHBメンバー企業のチハンジュアン社（PT. Cihanjuang Inti Teknik）を、自然エネルギー社会企業（第3章）の視点から分析する。

1995年にチハンジュアン社を創業した技術起業家のエディ・プルマディ（Eddy Permadi）は、一方で、プロペラタイプの小水力発電機器の独自開発に成功した。同社のタービンデザインは、インドネシア共和国法務人権省の知的財産権局に登録されている。他方でエディは、西ジャワ特産のバンドレック（Bandrek、生姜湯）などの食品ビジネスを展開している。この生姜湯も、水車と同じ「チハンジュアン」の銘柄で売られている。
エディ率いるチハンジュアン社は、2004年にアセアン再生可能エネルギー賞を受賞し、2007年にはインドネシア共和国中小企業協力省における健康食品製造中小事業部門（Katrgori Kelompok Usaha Kecil dan Menengah Produsen Makanan Sehat）で第1位に輝いた。このようにエディは、小水力発電の技術と食品ビジネスを結びつけるユニークなエコシステム企業を経営している（図11—1）。

小水力発電メーカーとしての成功

データのある2004年以降2016年までにエディが製造したタービンは、合計374ユニットで総出力は1万682kWである。ユニットあたりの平均出力は28・6kWと小さく、それを年間30ユニット程度製造している。チハンジュアン社では、ドイツから技術移転を受けたクロスフロー水車は全体の約4割で、残りの6割はプロペラ水車を製造している。チハンジュアン社が独自のライセンスを有するプロペラ水車を、2004年～2016年のあいだに222台販売している。

小水力発電所の建設において水車は、その土地の自然条件と社会的条件に合わせて選定される。ジャワ島の農村をくまなく歩いたエディは、低落差で、導水距離が短く、小規模分散的に電力を得る小水力発電の技術体系を考えた。エディのプロペラ水車は、落差が2～3

図 11-1　左から、エディ社長、筆者、ファイサル AHB 事務局長
出所：2015年1月15日撮影

メートル程度あれば発電できる。設置には大規模な土木工事を伴わず、出力を小さくすることで機械のサイズ、重量をコンパクトにした。農村の住民が手仕事で設置できる工夫である。エディのプロペラ水車は、大小さまざまなサイズのタービン生産が可能で、100W~1000kWまで導入実績がある。

エディは、小水力発電を導入する農村の住民をトレーニングする。1999年にかけて、北チマヒ村長から譲り受けた土地5000㎡に、小水力発電の実験場を開設した。住民は、小水力発電の基礎から発電所の運転方法、トラブルのケーススタディと点検、修理についてのトレーニングを受ける。実験場を訪れる人々は、水から電力が生産されるプロセスを実際に見て、動かすことで経験しながら学ぶことができる。

このようにして、エディのプロペラ水車を管理する住民がジャワ世界の各地に育っていき、ネットワークされている。エディの水車を共に有する近隣の住民がお互いに学びあい、トラブルの時にはサポートし合っている。こうした学習ネットワークも、チハンジュアン社の品質を保証することに貢献している。

生姜湯の生産

2000年、エディは食品ビジネスへと参入した(11)。

水は、電気を得るためだけでなく、農村社会の価値そのものを高め、地域経済を豊かにする。農業と農村社会こそが重要な価値をもっている。チハンジュアン社の小水力技術で、農業と農村社会を革新したい。そのために、水、農業、食品、これらを伝統的な仕方で、農民のプライドをもって統合するビジネスを考えた。

チハンジュアン社の生姜湯は、インスタントの飲み切り商品である。主たる原材料は生姜と赤砂糖（gula merah）で、いずれも栽培契約した、伝統的な農法を守っている農民から納品される。1ユニットに、1本31gの顆粒スティックが40本入っている。2014年頃より販売量が急増し、2016年には、7万3732ユニット、約30万杯分が販売された。販売量の急増は、西ジャワ州内のコンビニで取り扱いが始まったためである。

生姜湯製造のために、チハンジュアン社が立地する近隣農村より44名の女性（2016年）が正社員として雇われている（図11―2）。力仕事は技術者の男性が行う。子育て世代の母親や障碍者に内職できる形で、パッキングの仕事を発注するなど、地域の広範囲にわたって現金収入が得られるように仕事が組み立てられている。

エディはチハンジュアン社が、食品ビジネスと農業へと参入したことを次のように振り返る[11]。

農村社会を発展させる、農業の価値を高め、農村の暮らしを良くするためには、電気が得られるだけではだめ。水力が生み出す電気を利用して何をするか。農村社会の自然資源と人的資源を融合して何を生産するか。どういう新しい価値を生み出して、どういうマーケットにアクセスするか。トータルに考えること。電気はボーナス。それをベースに新しい農村の産業を興すこと、これが本質。水、電力、食料、今の農村で、

図11-2　生姜湯をパッキングする女性たち
出所：2015年1月16日撮影

人々が豊かに生きていくためにはこの3つが必要。3本の柱を、ローカルに、ゆっくりと太く発展させていく。そうすることで、農村社会が豊かになる。これをやってみせることで証明したい。

3 自立の意志を言葉に、組織の憲章をつくる

コミュニティ・プロジェクト

AHBメンバーとして小水力発電の導入を担当する、IBEKA(Yayasan. Institut Bisnis dan Ekonomi Kerakyatan)の、コミュニティ・プロジェクトをみてみよう。

まず、地域住民代表による協同組合を結成する。同時に、プロジェクトへの出資を行う民間企業を探し、マッチングさせる。協同組合と企業の間で対等に株をシェアする。発電所建設後に得られる売電収益を公正に分配する仕組みをはじめにつくっておくことで、小水力発電所から収益を得る協同組合は、コミュニティに投資できるようになる。[12]

導入のための小水力発電のポテンシャル評価にあたっては、物理的ポテンシャルはもちろん、社会的ポテンシャルの評価も重要になる。コミュニティ内の電力需要や新しいニーズ(病院や学校、コミュニティ・ビジネス)のための需要創出の目標を丁寧に評価する。発電ポテンシャルは暮らしの需要と一致して評価される。発電量が暮らしの需要より多ければ、「電力をめぐって紛争が起こる」から要注意である。

基本設計の際には、取水と発電の場所、取水量、有効落差、機器の選定を行うのと並行して、解決すべきコミュニティの問題やステークスホルダーの抽出が行われ、協同組合の組織と構成員が決定される。発電が開始される前に、村内配電の仕方や電気料金、オペレーター、メンテナンス、マネジメントを担当す

る村人の選出とトレーニング、住民全員参加の貢献（Gotong-Royong）が決定される。

こうしたコミュニティ内の主体形成がＡＨＢの社会的準備チームによって、６〜12か月かけて行われる。技術チームはその後に現地入りし、協同組合、社会的準備チームと協力して６〜12か月で建設、設置を完了し、発電を開始する。発電開始後も、社会的準備チームと技術チームの一部が村に留まる。トラブル対応や電力料金の回収と協同組合組織の安定化のために、これらのチームは発電所の運転と協同組合の経営が軌道に乗るまで支援活動を続ける。[13]

ＩＢＥＫＡのアプローチが示すように、小水力発電という技術を移植することで、コミュニティの成長を促すことが目標とされている。こうした広義の技術移転の成否は、単なる要素技術の移転でなく、技術がその土地に適応して馴染み、その土地の人々によって安定的に使われることで決まる。したがって、その土地に根ざしたエコシステム産業となり、能力開発とまちづくりがどのように進展しているかどうかを長期的な視点でみていく必要がある。

技術移転の評価

ドイツからインドネシアへの小水力発電の技術移転は、バンドンにＡＨＢが結成され、エディによって独自の技術が開発されたこと、経験が集積され、技術者ネットワークが生成されたことをもって成功したと評価できる。さらに、ＡＨＢによるコミュニティ・プロジェクトは、バンドンを起点に、西ジャワ州の村々で、キンチール（第10章）を残しながら、新しい技術と経済を学ぶ機会として、農村の人々を勇気づけている。

何が技術移転の成功要因だったのか。バンドンにおけるＡＨＢの結成、小水力発電の産業創生とネットワーキングのポイントを考察しておきたい。まず、総合的な技術移転であるという点が挙げられる。要素技術となる水力発電機器や電気制御についての個別技術の移転でなく、土木や適地の選定、導入後のマネジメントやトレーニングプログラム、水力発電所の経営と地域社会開発、それらを行う住民組織の組織化といった小水力発電の計画、設計からコミュニティ開発に至る総合的な技術移転が、じっくりと行われたことが重要であった。

次に、プロジェクト・ワークのなかで、技術が育てられたことである。インドネシア国内だけでなく、アジア、アフリカでのプロジェクト・ワークが行われるなかで、研究室や実験室に対する技術移転ではない、社会実装（実際の導入）を前提としたビジネス案件が形成され続けた。完成した小水力発電所はショールームとして機能し、学習機会とマーケットの拡大につながった。

最後に、技術は人に蓄積するということである。技術やノウハウは人にしか蓄積しない。実際にそれを行った人が、チャレンジした分だけ詳しくなっていく。ＡＨＢでは、キンチール制作の技術が重要なものとして保存され、住民が身につけることができるスケールで、身につけることができるペースで技術移転が進んでいった。ＡＨＢは、企業の連合ではなく、技術者個々人のネットワークである。企業間の利害調整の場ではなく、技術対話の場として、またプロジェクトの課題を協力して解決する仲間としてネットワークされている。ＡＨＢを構成するそれぞれの企業は、家業として、子どもたちに経営と技術を継承している。こうしたネットワーキングのあり方が、技術が人に蓄積し、社会に根付いていくことを支援している。

に述べる。(14)

ＡＨＢの組織憲章

ＡＨＢ事務局長のファイサル・ラハディアン（Faisal Rahadian）は、ＡＨＢ憲章を起草した意図を次のよう

ＡＨＢ憲章は、ＡＨＢ設立から間もない、１９９９年末～２０００年に書かれた。メンバーの対話を総合するかたちで、私（ファイサル）が起草した。ＡＨＢメンバーが、同じ態度（Sikap）で、同じ情熱（Semangat）で働くことができるように。ＡＨＢメンバーの権利（Hak）と義務（Kewajiban）、そしてＡＨＢから与えられた技術や技能は何かを学ぶために。個々人が技術者として参加し、民間企業も多く参加したアソシエーションなので、競合し合うこともあるだろうが、いざという時には協力し合うことができる仲間であるように。見方（Perspektif）を共有し、同じ夢（Mimpi）を見ることができるように。ＡＨＢ憲章はこのような意図で定められた。

つづけて、ＡＨＢメンバーのモラル（Moral Anggota AHB）について、次の８つの約束が共有されている。

（1）専門性をもって、安全、人々の健康、社会の豊かさを保つこと。
（2）専門家としての能力と技術に基づいたサービス（Jasa）を提供すること。
（3）能力開発のチャンスを誰にでも与え、技術者倫理、職業倫理を向上させること。
（4）信頼される専門家として行動し、私的な利害関心のぶつかり合いを避けること。
（5）自身の技術の評判を高め、競争する時にはフェアに行動すること。

（6）ＡＨＢ組織の評判を高めるよう、行動し、貢献すること。
（7）正しく、客観的で、パブリックな声明を発表するよう心がけること。
（8）専門家としてタスクを実行し、環境や影響を適正に検討・評価して仕事にあたること。

この憲章に基づいてＡＨＢは、1年に一度、メンバーの仕事を評価し、認証を与えてメンバーシップを確認する。ＡＨＢは、バンドンに84名の専門家を養成して５００名の技術雇用を創り出し、西ジャワで８００名の現場オペレーターを地域雇用している（２０１６年）。ＡＳＥＡＮやアフリカ諸国から技術研修を受け入れ、また商品を輸出することで、そのネットワークを拡大している。

憲章を練りあげていく思考力、技術を受け入れて適正化する力、コミュニティ・プロジェクトを住民のキャパシティ・ビルディングと主体形成につなげる力、エコシステム産業を起業して自然と暮らしを守る力、こうした力に、外からの文明を受け入れ、地域文明を深化させていくという、ジャワ世界の基底にあるエコロジー観が垣間見える。

思考の深化のために

本章では、起業をテーマに、インドネシアの西ジャワで、小水力発電のコミュニティ・プロジェクトを行うＡＨＢの起業家精神（アントレプレナーシップ）について分析してきた。

西ジャワの人々はその土地の自然に働きかけ、エネルギーを自給する暮らし方を身につけている。必要な電力は、住民が主体となった協同組合を設立して開発する。インドネシアに適した小水力発電技術は独自に開発できる。土地に根ざした技術は、トラブルも少なく、村の技術で修理できるよう工夫もされている。小水力発電は、技術と経済を学ぶ機会となる。小水力発電を小さくスタートすれば、村の人々は技術を自分のものにし、自立していくことができる。お金の使い方、貯蓄や投資の仕方も学ぶことができる。小さなコミュニティ・ビジネスを興すことで、出稼ぎに出ることなく、村で暮らし、子どもたち、家族と共に育つライフスタイルをつくることができる。これらのプロセスを言語化することで、規矩を伝え、教育することができる。こうして蓄積された地域学習が文化となり、ジャワ世界に安心感が広がっている。

注

(1)高谷好一、2010年『世界単位論』京都大学学術出版会:22〜24頁
(2)高谷好一、2010年前掲:26頁(カッコ内は筆者加筆)
(3)高谷好一、1993年『新世界秩序を求めて――21世紀への生態史観』中公新書:75頁
(4)高谷好一、1993年前掲:61頁(カッコ内は筆者加筆)
(5)Faisal Rahardian, 2014, Indonesian Micro Hydro Power Development, 2014年1月22日収集資料(=藤本穰彦訳、2015年「小水力による地域電化――インドネシアの実践」トヨタ財団国際助成プログラム http://akiyama-foundation.org/wp-content/uploads/2015/11/a540088b668b3b26233a9fac07ca05.pdf)
(6)小林久、2013年「コミュニティ・エネルギーに挑む農山村――小水力発電を中心に」、室田武・倉阪秀史・小林久・島谷幸宏・山下輝和・藤本穰彦・三浦秀一・諸富徹『コミュニティ・エネルギー』農山漁村文化協会:149〜150頁(カッコ内は筆者加筆)
(7)Asosiati Hidro Bandung, 1999, KIT ANGOTTA AHB, 2013年12月12日収集資料(=藤本穰彦・島谷幸宏訳、2014年「バ

ンドン小水力アソシエーションの組織憲章」『協同の発見』第262号：77〜82頁）
(8)2013年6月18日のインタビュー
(9)藤本穣彦・島谷幸宏、2014年「インドネシアの水力ポテンシャルと技術ネットワーク」『協同の発見』第257号：52頁
(10)藤本穣彦、2015年「小水力発電の技術とアジアネットワーク」、『OhmBulletin』第204号：2〜4頁の議論を再掲
(11)2014年1月20日のインタビュー
(12)藤本穣彦・島谷幸宏、2014年「インドネシアの小水力発電と地域社会開発」（1）、（2）『協同の発見』第258号：115〜122頁、第259号：93〜100頁
(13)藤本穣彦、2017年「インドネシアの小水力発電にみる内発的発展とキー・パースン――適正技術の選択と学習のデザイン」『社会環境論究』第9号：33〜53頁
(14)2013年12月3日のインタビュー

付記

初出

本書の基になった論文の初出一覧は、以下の通りである。論旨に大きな変化はないものの、一つの論文を分割したり、本書の主旨に照らして再構成しているため、本書の各章と元の論文とがそのまま対応しているわけではない。

またデータは、その当時にフォーカスを当てたい場合を除いて可能な限り更新し、ウェブサイトのリンクも改めて確認した（最終アクセスは、2022年2月2日）。

藤本穣彦、2013年「人口減少の被災地域におけるコミュニティ政策への視点——地域支援人材配置の社会実験をふまえて」『サステイナビリティ研究』第3号：135～149頁

藤本穣彦、2014年「自然エネルギー社会企業——地域に根ざして拓かれる組織と事業の持続性」『東アジア研究』第16号：71～87頁

藤本穣彦、2014年「「自然エネルギー社会企業」の構想——「協同組合方式」への注目」『協同組合研究』第33巻第2号：3～9頁

藤本穣彦・伊東さの子、2018年「人口減少の山間地域における「集落水道」問題——安倍川源流域の静岡市梅ヶ島地区の調査から」『社会環境論究』第10号：51～74頁

藤本穣彦、2018年「自然エネルギーとランドケア倫理」『社会と倫理』第33号：35～47頁

藤本穣彦、2021年「メコンデルタの自然環境・土地利用の変容と水郷集落の再生を考える——持続可能な熱帯デルタ研究のための農村資源計画学アプローチ」『東アジア研究』第28号（第一分冊）：137～153頁

藤本穣彦、２０２１「ドイツ・ザクセン州の「最も美しい村」における地域再生への取り組み」『社会環境論究』第13号：47～72頁
藤本穣彦、２０２１「「自然への還元」に基づく廃棄系再生バイオマスの地域循環デザイン――鹿児島県日置市の食品・生ごみリサイクル堆肥化の事例」『明治大学社会科学研究所紀要』第59号第2巻：75～91頁
藤本穣彦、２０２１「経験することのセンス」『明治大学政治経済学部ブックガイド』第7号：１７１～１７８頁
藤本穣彦、２０２１「父との「問い」」『政経フォーラム』第40号：21～24頁
藤本穣彦、２０２２「小水力発電にみるジャワ世界（インドネシア）のエコロジー思想」『政経論叢』第90巻第５・６号：１３１～１６４頁
藤本穣彦、２０２２「〈世界〉と出会うチャンネルのつくり方」『明治大学政治経済学部ブックガイド』第8号：１８５～１９２頁

なお、論文「人口減少の山間地域における「集落水道」問題」は、伊東さの子さん（静岡大学創造科学技術大学院、鈴木林業）との共著論文である。本書への収録を快諾していただいた。記して御礼申し上げる。

資　金

本書がその成果の一部を成す競争的資金のリストを挙げる。これらの資金がなければ、働き、研究することはできなかった。ここに記して感謝を申し上げる。

中山間地域に人々が集う脱温暖化の「郷《さと》」づくり（研究代表者：藤山浩、ＪＳＴ社会技術研究開発センター、２００９年4月～２０１０年7月に島根県中山間地域研究センター特別研究員として雇用）
地域に根ざした脱温暖化・環境共生研究開発領域（領域総括：堀尾正靱、ＪＳＴ社会技術研究開発センター、２０１０年8月～

２０１１年７月にＪＳＴ社会技術研究開発センター アソシエイトフェローとして雇用）
Ｉ／Ｕターンの促進と産業創生のための地域の全員参加による仕組みの開発（研究代表者：島谷幸宏、ＪＳＴ社会技術研究開発センター、２０１１年８月～２０１３年７月に九州大学大学院工学研究院学術研究員として雇用）
小水力発電機の技術開発及びその他小型発電との連携による小型ＥＶ充電システムの構築（研究機関代表者：島谷幸宏、ＮＥＤＯ新エネルギーベンチャー技術革新事業、２０１３年８月～２０１４年11月に九州大学大学院工学研究院特任助教として雇用）
全学的な教育改革・組織改革によるグローバル人材育成機能の強化――ターゲット・アジア人材育成拠点の構築（文部科学省国立大学改革強化促進補助金、２０１４年12月～２０１６年９月に静岡大学グローバル改革推進機構・農学部特任准教授として雇用）
小水力エネルギーを活用した「コミュニティ協同組合」の構築――インドネシア・西ジャワ州と宮崎県五ヶ瀬町での人的交流を通じて（研究代表者：石井勇、トヨタ財団国際助成プログラム、２０１４年11月～２０１５年10月、研究分担者）
高効率燃料電池と再生バイオガスを融合させた地域内エネルギー循環システムの構築（ベトナム・メコンデルタ）（研究代表者：白鳥祐介、SATREPS 地球規模課題対応国際科学技術協力プログラム、２０１５年４月～２０２０年３月、社会実装・技術普及ロードマップ策定グループリーダー）
１９６０～７０年代カンボジア王国におけるプレック・トノット多国間電力開発灌漑計画の形成史に関する研究（京都大学東南アジア地域研究研究所 東南アジア研究の国際共同研究拠点〔ＩＰＣＲ-タイプⅣ〕２０１７年５月～２０１９年３月、研究代表者）
安倍川源流における集落水道の参加型管理――「水の自治」から集落自治への学習活動（静岡大学イノベーション社会連携推進機構、２０１７年６月～２０１８年１月、研究代表者）
「農と食の地域自給圏」に関する農村社会開発手法の研究――「最も美しい村」の日仏比較（日本学術振興会科学研究費補助金、若手研究、２０１８年４月～２０２３年３月、研究代表者）
食べたもので食べるものをつくる――ベトナム・メコンデルタと九州の中山間地域で学びあう再生バイオマスの地域内循環と農業再生（トヨタ財団国際助成プログラム、２０１９年11月～２０２２年３月、研究代表者）

あとがき

出　発

教科書を1冊書いていただけませんか。『農と食の新しい倫理』（2018年、昭和堂）でお世話になった編集者の越道京子さんの呼びかけから、本書の企画がスタートした。

「まちづくり」でどうでしょう、わたしは応答した。

「事例を並べた本ではなくて、まちづくりの考え方、まちづくりを支える思考のつくり方が表れています。ここを大事にした本にできませんか」。草稿を読んでくださった越道さんの直観が、本書のタイトルと章立てを大きく更新することとなった。

「暮らし方」にフォーカスをして、経験を言葉にし、対話する。手仕事を共にすることで共感が拡がり、また言葉が磨かれていく。しだいに暮らしの経験の意味内容が変質する。暮らしをつくる考え方が変わることで、暮らし方が変わり、暮らしの表現の場であるまちもまた変わっていく。

このようにして、本書の基本コンセプトは、図書出版実生社《みしょうしゃ》を起業して新しい暮らしへと歩みだした越道さんとの対話のなかで生まれた。

制　作

『まちづくりの思考力』が、大学講義や演習でも使えるテキストともなるよう、わたしの勤める明治大学政治経済学部食料経済学研究室の学生たちとも本書の企画を共有した。学生たちに担当を分担して各章の原型となった草稿（の草稿）を読んで発表してもらい、「食料経済学」の講義受講生たち約400名とオープンに対話した。

学生たちは対話の記録をまとめながら、どのような知識や考え方を補えばよいか、意味の流れが生まれるポイントは何かと、フィールドワークや卒業研究に利用しやすい工夫を共に考えてくれた。本書を手にしてくれた大学生に、まちづくりのフィールドワークの心構えと想像力が育つように。課題研究やグループワーク、卒業研究の手助けになるように。

研究室の第1期生、越智勇貴さん、織屋里佳子さん、児玉尚紀《たかのり》さん、津嶋夏実さん、坪香早紀さん、吉岡真子さんに感謝したい。

課　題

本書では十分にカバーできなかったトピックも多い。特に、最後まで収録を迷っていたのは、〈食と社会〉の未来はどのようなものか、〈食と社会〉の未来がまちづくりとどのような関係を結ぶのか、という問いである。

いくつかの草稿を書いてみたものの、本書では、正面から取り上げることはやめて、無理なく入れ込める論点をいくつかの章に配し、部分的に紹介するに留めた。これは問題の重要性を軽く考えたからではない。むしろ、本格的に議論するためには、改めて1冊分の議論をしなければならないことを痛感したからである。

本書『まちづくりの思考力』を入門編として、〈食と社会〉の未来への応用的な探究にジャンプするためには、次に挙げる7つのテーマが、重要であると考えている。

● 食は、自然と人生を分かち合う一つの方法であり、身体と心を最善の状態にする。
● 食育。自分たちの食を知る。つくり手のわかるものを食べる。ゆっくりと食べる。仲間と分かち合う。
● つくること。おいしいこと。将来世代のための料理。
● 会話のはずむ食卓のデザイン、器、家具、暮らしの道具も。
● 他なるもの（将来世代、動植物も）が健康な生活を送ることができるよう気を配る。
● 食と貧困、正義。フードバンク、ワーカーズコープ、協同組合。
● フード・エシックス（食の倫理）、など。

さいわい、この研究分野については数々の問題提起がなされており、「食科学（フードサイエンス）」をテーマにした学部や学科の新設も各地の大学で相次いでいる。

世界的に見ても、「未来の食卓」をめぐってさまざまな科学技術研究と言論が活性化している。読者は今後、まったく異なる結論を提示するような、新たなケーススタディを期待するかもしれない。ただし何が本当か。〈食と社会〉の未来は、これからどうなっていくのか。明確な答えはまだない。

教科書執筆の依頼を越道さんから受けたとき、コンセプトを考え、章立てをしたもう一つのテーマは、この〈食と社会〉の未来について「ひとづくり」、つまり自分を育てる力、つくる力を身につけるという視点から書き下ろすものであった。物語の主役は今、研究室で共に学ぶ大学生たちで、「10年後の未来の食卓、自分たちが子育て世代になる頃」という切り口を設定した。

この点についてわたしの研究室では、「食」を入り口にして、〈食といのち〉、〈食と正義（貧困）〉、〈食と農〉という3つの探究の柱を立てている。グローバルな近代への転換に「食」が与えた影響を跡づけながら、人間の食習慣、食文化、食の倫理、食産業（食科学や食技術も含む）の形成を読みとくこと。それを、〈食と社会〉の未来に活かし直すこと。学生たちはこうした課題に取り組んでいる。

彼女ら／彼らの探究は、〈食と社会〉の未来を自分の生き方、暮らし方と結びつけ、自由発想でのびのびしていて面白い。例えば、先に述べた1期生の津嶋夏実さんの卒業研究から飛び出したInstagram 企画「若者食堂 Online」は、フードバンクちばとパルシステム千葉、電通大 de ラボ、スポーツ栄養士（山梨学院短期大学の鈴木睦代先生）とのコラボレーションを、あっという間に生み出した。「食べ方が変われば経済が変わる」、その具体的な実例を示せると面白い。

読者の皆さん、こうした〈食と社会〉の未来についての研究テーマに関心がありますか？

わたしの先生たち

読んでおわかりのとおり、本書は、特定の学問分野に即したテキストではない。現場に立ち、その場その場で必要なものごとを懸命に学びながら、「まちづくり」を全体として捉えようと試行錯誤しながら、わたしはここまできた。

その過程で数えきれないほど多くの先生方にお世話になった。すべてのお名前を挙げることは叶わないが、学生時代以来の直接的な学恩がある先生方をここに記し、謝意を示したい。

井上定彦先生（島根県立大学名誉教授、社会政策学）、小林久高先生（同志社大学教授、社会学）、堀尾正靭《まさゆき》先生（東京農工大学名誉教授、化学工学）、吉本哲郎先生（水俣市立水俣病資料館元館長、地元学）、島谷幸宏先生（九州大学名誉教授、河川工学）、竹之内裕文《ひろぶみ》先生（静岡大学教授、哲学）のもとでわたしは学んだ。

二十歳《はたち》のころ、田代志門《しもん》さん（東北大学准教授、社会学）と出会わなければ、学際的、分野越境的となっていく自分の研究の歩みに、不安や迷いが生じていたと思う。

感謝

各章の内容は、国内外のそれぞれのフィールドで受け入れて頂き、インタビューや資料収集、制作活動に協力していただいた多くの方々の支えによって構成されている。とくに、島根県浜田市弥栄町、インドネシアのバンドンでは、家を借りて、暮らしをまるごと受け入れてもらった。大学生と社会人のスタートを切った島根と、日本の小水力発電導入のために奮闘したバンドンには特別の想い入れがある。

九州大学の島谷研で、初めての小水力発電所の建設に取り組んだ白糸の滝（第10章）。とにかく前へと歩めたのは、村川友美さん、山下輝和さん、山田泰司《やすし》さん、佐藤辰郎さん、安永文香《あやか》さん、中村優佑《ゆうすけ》さん、高木美奈さん、内村圭佑さん、仲野美穂さん、渡辺孝司さん、林高禄《たかろく》さん、池松伸也さん、厳島怜さん、林博徳《ひろのり》さんといったパワフルな島谷研のチーム力あってのことだ。島谷先生の、さまざまな困難を正面から突破してアイデアをかたちにする力、チームの組織力は本当にすごい。

五ヶ瀬自然エネルギー研究所の石井勇さん、土持《つちもち》真一郎さんとは、はや10年になる。トヨタ財団国際助成プログラムでは、「地域のエネルギーは地域でつくる」、「食べたもので食べるものをつくる」という2つのテーマでプロジェクトの採択を受けた。どちらも五ヶ瀬自然エネルギー研究所の国際連携が展開する重要な場面での採択であった。個性あふれるプログラムオフィサーと選考委員の先生方に御礼申し上げる。

これ以上に一人ひとりのお名前を挙げることは叶わないが、心に想いながら深く感謝し、厚くお礼申し上げる。本文中にご登場いただいた皆様の敬称は略した。ご容赦願いたい。所属は基本的にその当時のものである。なお、文責はわたし個人にある。

最後に、稔《みのる》と久美子、両親のあたたかい愛情に、心からありがとう。

2022年2月　藤本穣彦

第2版の発行にあたり、全体を読み返し、心を込めて字句を修正した。

2023年8月　藤本穣彦

◆　著者紹介

藤本 穣彦　Fujimoto, Tokihiko

1984年熊本市生まれ。明治大学政治経済学部准教授。工学博士。
2002年4月に島根県立大学総合政策学部へ入学。2005年4月、同志社大学文学部に3年次編入学し、2007年3月に卒業。2009年3月、同志社大学大学院社会学研究科博士課程前期修了。大学院修了後、島根県中山間地域研究センター、JST社会技術研究開発センター、九州大学大学院工学研究院、静岡大学農学部を経て、2020年4月より現職。2013年7月、論文『自然エネルギー社会資本整備のための地域主体形成に関する研究』で、九州大学より博士号を授与された。

まちづくりの思考力
――暮らし方が変わればまちが変わる

2022年3月31日　初版第1刷発行
2024年3月15日　初版第2刷発行

著　者　藤本穣彦

発行者　越道京子

発行所　株式会社 実生社《みしょうしゃ》　〒603-8406 京都市北区大宮東小野堀町25番地1
TEL（075）285-3756

印　刷　創栄図書印刷株式会社

カバーデザイン　スタジオ トラミーケ

ISBN978-4-910686-02-8